풍산자
라이트
수학 I

깔끔한 개념 정리와

2점, 쉬운 3점의 확인 문제로

빠르게 실력을 점검하는

〈풍산자 라이트〉입니다.

2주 단기 완성서

풍산자
라이트

교재 활용
로드맵

반드시 알아야 할 개념을
한눈에 들어오도록 요약한
**필수 개념
정리**

정리된 개념을 바로
정리해 볼 수 있는
**필수 개념
확인 문제**

다양한 접근 방법을
제시하고 사고력을 키우는
**체계적이고
정확한 풀이**

잘 나오는 유형,
잘 틀리는 유형을 제시한
**내신과 수능
빈출 문제**

개념을 완성하고
빠른 실력 점검에 최적화된
**실력 확인
문제**

중단원을 세분화한 구성	학습 점검에 최적화된 필수 개념과 확인 문제
엄선된 내신, 수능 문제로 실력 점검	실수하기 쉬운 문제와 빈출 문제 제시
단기 개념 특강	빠르게 개념을 확인하고 실력을 점검할 수 있는 구성

필수 개념 연계 문항들로 빠르게 끝내는 **단기 완성서**

풍산자
라이트

| 수학 I |

구성과 특징

쉽고 가벼운
단기 개념 완성서

· · · · · · · · · · · ·

필수 개념 연계 문제와
기출 문제를 한번에 잡는
개념 완성 비법서

· · · · · · · · · · · ·

기본 개념의
문제 적용력 Up!!
실전 문제 해결력 Up!!

1

필수 개념과 연계 문제 학습

· 수학Ⅰ을 학습하는 데 꼭 필요한 개념을 선별하고 문제 풀이에 도움이 되는 내용을 **참고**로 제시

· 필수 개념과 연계한 문제를 소개하고, 문제 풀이에 좀 더 쉽게 다가가기 위한 TIP 제공

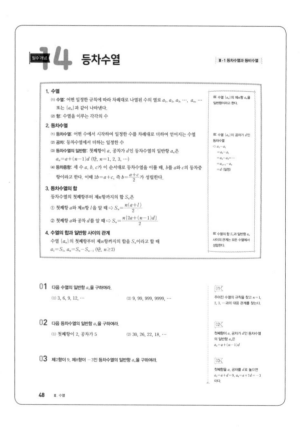

2

실력 확인 문제

- ⟨잘 나오는 내신 유형⟩ ⟨잘 틀리는 내신 유형⟩ 을 표시하여 내신을 대비할 수 있는 문제를 수록

- ⟨잘 나오는 수능 유형⟩ ⟨잘 틀리는 수능 유형⟩ 을 표시하여 학력평가, 평가원, 수능 기출 문제를 연습

3

정답과 풀이

- ⟨다른 풀이⟩, ⟨참고⟩ 를 제시하여 다양한 방법으로 문제 풀이에 접근

- 풀이를 단계별로 나누어 체계적으로 과정을 사고

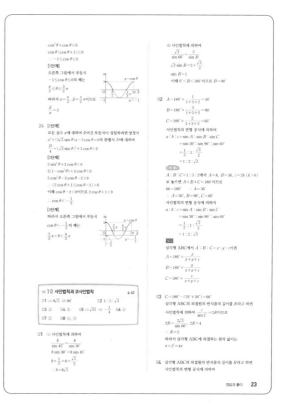

차례

Ⅰ 지수함수와 로그함수

Ⅱ 삼각함수

Ⅲ 수열

필수 개념 01 지수

---

1. 거듭제곱근

2 이상의 정수 n에 대하여 n제곱하여 실수 a가 되는
수, 즉 방정식 $x^n = a$를 만족시키는 x를 a의 n제곱근이
라고 한다. 이때 a의 제곱근, 세제곱근, 네제곱근, …을
통틀어 a의 거듭제곱근이라고 한다.

x의 n제곱 →
$$x^n = a$$
← a의 n제곱근

2. 거듭제곱근의 성질

$a > 0$, $b > 0$이고 m, n이 2 이상의 정수일 때

① $(\sqrt[n]{a})^n = a$

② $\sqrt[n]{a}\sqrt[n]{b} = \sqrt[n]{ab}$

③ $\dfrac{\sqrt[n]{a}}{\sqrt[n]{b}} = \sqrt[n]{\dfrac{a}{b}}$

④ $(\sqrt[n]{a})^m = \sqrt[n]{a^m}$

⑤ $\sqrt[m]{\sqrt[n]{a}} = \sqrt[mn]{a} = \sqrt[n]{\sqrt[m]{a}}$

⑥ $\sqrt[np]{a^{mp}} = \sqrt[n]{a^m}$ (단, p는 자연수이다.)

3. 지수법칙

$a > 0$, $b > 0$이고 x, y가 실수일 때

① $a^x a^y = a^{x+y}$

② $a^x \div a^y = a^{x-y}$

③ $(a^x)^y = a^{xy}$

④ $(ab)^x = a^x b^x$

■ a의 n제곱근 중 실수인 것

n＼a	$a > 0$	$a = 0$	$a < 0$
짝수	$\pm\sqrt[n]{a}$	0	없다.
홀수	$\sqrt[n]{a}$	0	$\sqrt[n]{a}$

■ $\sqrt[n]{a^n} = \begin{cases} a & (n\text{은 홀수}) \\ |a| & (n\text{은 짝수}) \end{cases}$

■ 지수의 확장

① $a \neq 0$, n이 자연수일 때
$$a^0 = 1, \ a^{-n} = \dfrac{1}{a^n}$$

② $a > 0$, m이 정수, n이 2
이상의 정수일 때
$$a^{\frac{1}{n}} = \sqrt[n]{a}, \ a^{\frac{m}{n}} = \sqrt[n]{a^m}$$

---

01 다음 거듭제곱근을 구하여라.

(1) -27의 세제곱근

(2) 16의 네제곱근

> **01**
> a의 n제곱근은 방정식 $x^n = a$를
> 만족시키는 x의 값이다.

02 다음 중 옳은 것은?

① -8의 세제곱근은 -2이다.

② $\sqrt{256}$의 네제곱근은 ±2이다.

③ 1의 세제곱근 중 허수는 없다.

④ -16의 네제곱근 중 실수인 것은 ±2이다.

⑤ 81의 네제곱근 중 실수인 것은 ±3이다.

> **02**
> a의 n제곱근 중 실수인 것은 a와
> n의 값에 따라 결정되므로 a의 부
> 호와 n이 짝수인지 홀수인지 살펴
> 본다.

03 다음 중 옳은 것만을 |보기|에서 있는 대로 고른 것은?

> |보기|
> ㄱ. $\sqrt[3]{3}\sqrt[3]{9}=3$ ㄴ. $(\sqrt[4]{36})^2=-6$
>
> ㄷ. $\dfrac{\sqrt[4]{16}}{\sqrt[4]{10000}}=\dfrac{1}{5}$ ㄹ. $\sqrt[4]{\sqrt[3]{3}}=\sqrt[12]{3}$

① ㄱ, ㄴ   ② ㄱ, ㄷ   ③ ㄴ, ㄷ

④ ㄱ, ㄴ, ㄷ   ⑤ ㄱ, ㄷ, ㄹ

03
거듭제곱근의 성질을 이용한다.

04 $\sqrt{a^3b}\div\sqrt[3]{a^5b^2}\times\sqrt[6]{a^7b}$를 간단히 하면? (단, $a>0$, $b>0$)

① $\dfrac{1}{a^2}$ ② $\dfrac{1}{a}$ ③ a

④ a^2 ⑤ a^3

04
$\sqrt[n]{a}=a^{\frac{1}{n}}$, $\sqrt[n]{a^m}=a^{\frac{m}{n}}$ 을 이용하여 거듭제곱근을 유리수인 지수로 나타낸다.

05 $16^{\frac{3}{4}}\times2^{-3}$의 값은?

① $\dfrac{1}{4}$ ② $\dfrac{1}{2}$ ③ 1

④ 2   ⑤ 4

05
$a^xa^y=a^{x+y}$, $(a^x)^y=a^{xy}$임을 이용한다.

06 $\left(2^{\sqrt{8}}\div2^{\sqrt{2}}\right)^{\frac{1}{\sqrt{2}}}$의 값은?

① $\dfrac{1}{4}$ ② $\dfrac{1}{2}$ ③ 1

④ 2   ⑤ 4

06
$a^x\div a^y=a^{x-y}$, $(a^x)^y=a^{xy}$임을 이용한다.

07 $x>0$이고 $x^{\frac{1}{2}}+x^{-\frac{1}{2}}=3$일 때, 다음 식의 값을 구하여라.

(1) $x+x^{-1}$ (2) x^2+x^{-2}

07
$x+x^{-1}=\left(x^{\frac{1}{2}}+x^{-\frac{1}{2}}\right)^2-2$
$x^2+x^{-2}=(x+x^{-1})^2-2$

로그

1. 로그의 정의

$a>0$, $a\neq1$, $N>0$일 때, $a^x=N$을 만족시키는 실수 x를 기호 $x=\log_a N$으로 나타낸다. 이때 x를 a를 밑으로 하는 N의 로그라 하고, N을 $\log_a N$의 진수라고 한다.

즉, $a>0$, $a\neq1$, $N>0$일 때

$$a^x=N \Longleftrightarrow x=\log_a N$$

진수 ──→
$$x=\log_a N$$
←── 밑

2. 로그의 기본 성질

$a>0$, $a\neq1$이고, $x>0$, $y>0$일 때

① $\log_a a=1$, $\log_a 1=0$

② $\log_a xy=\log_a x+\log_a y$

③ $\log_a \dfrac{x}{y}=\log_a x-\log_a y$

④ $\log_a x^n=n\log_a x$ (단, n은 실수이다.)

3. 로그의 밑의 변환 공식

$a>0$, $a\neq1$이고, $b>0$일 때

① $\log_a b=\dfrac{\log_c b}{\log_c a}$ (단, $c>0$, $c\neq1$)

② $\log_a b=\dfrac{1}{\log_b a}$ (단, $b\neq1$)

■ $\log_a N$이 정의되기 위한 조건

① 밑의 조건: $a>0$, $a\neq1$

② 진수의 조건: $N>0$

■ 로그의 여러 가지 성질

$a>0$, $a\neq1$이고, $b>0$일 때

① $a^{\log_a b}=b$

② $a^{\log_b c}=c^{\log_b a}$

(단, $b\neq1$, $c>0$)

③ $\log_{a^m} b^n=\dfrac{n}{m}\log_a b$

(단, $m\neq0$, m, n은 실수이다.)

---

01 다음 등식을 만족시키는 x의 값을 구하여라.

(1) $\log_2 16=x$　　　　　　(2) $\log_2 x=5$

> 01
>
> $x=\log_a N \Longleftrightarrow a^x=N$

02 $\log_{x-1}(4-x)$의 값이 정의되기 위한 자연수 x의 값은?

① 1　　　　　② 2　　　　　③ 3
④ 4　　　　　⑤ 5

> 02
>
> 로그가 정의되려면
> (밑)>0, (밑)$\neq1$, (진수)>0
> 이어야 한다.

03 다음 식을 간단히 하여라.

(1) $2\log_{10}2+\log_{10}25$　　　(2) $\log_2 6-2\log_2\sqrt3$

> 03
>
> 로그의 기본 성질을 이용하여 주어진 식을 간단히 한다.

04 $\log_{\frac{1}{3}} 2 + \log_9 8 + \log_3 \sqrt{2}$의 값은?

① $2\log_3 2$ ② $\log_3 2$ ③ $-\log_3 2$

④ $-2\log_3 2$ ⑤ $-3\log_3 2$

04

$\log_{a^m} b^n = \dfrac{n}{m}\log_a b$임을 이용한다.

05 $\log_5 2 = a$, $\log_5 3 = b$일 때, 다음을 a, b로 나타내어라.

(1) $\log_5 24$ (2) $\log_5 \dfrac{16}{9}$

05

로그의 기본 성질을 이용하여 주어진 수를 $\log_5 2$, $\log_5 3$으로 나타낸다.

06 $\log_2 9 \times \log_3 8$의 값은?

① 2   ② 3   ③ 4

④ 5   ⑤ 6

06

$\log_a b = \dfrac{\log_c b}{\log_c a}$임을 이용한다.

07 $\dfrac{1}{\log_2 12} + \dfrac{1}{\log_3 12} + \dfrac{1}{\log_5 12} = \log_{12} a$일 때, 양수 a의 값은?

① 60   ② 30   ③ 20

④ 10   ⑤ 5

07

밑이 다른 경우에는 로그의 밑의 변환 공식을 이용하여 밑을 같게 한 후 로그의 성질을 이용한다.

08 이차방정식 $x^2 - 2x - 1 = 0$의 두 근이 $\log_3 \alpha$, $\log_3 \beta$일 때, $\alpha\beta$의 값은?

① 3   ② 5   ③ 7

④ 9   ⑤ 11

08

이차방정식 $ax^2 + bx + c = 0$의 두 근이 α, β일 때

$\alpha + \beta = -\dfrac{b}{a}$, $\alpha\beta = \dfrac{c}{a}$

03 상용로그

1. 상용로그

10을 밑으로 하는 로그를 상용로그라고 하며, 상용로그 $\log_{10} N$은 보통 밑 10을 생략하여 $\log N$으로 나타낸다.

2. 상용로그의 값

임의의 양수 N에 대하여 상용로그의 값은

$\log N = n + \log a$ (n은 정수, $0 \le \log a < 1$)

와 같이 나타낼 수 있다.

3. 상용로그의 정수 부분과 소수 부분의 성질

① 정수 부분이 n자리인 수의 상용로그의 정수 부분은 $n-1$이다.

② 소수 n째 자리에서 처음으로 0이 아닌 숫자가 나타나는 양수의 상용로그의 정수 부분은 $-n$이다.

③ 숫자의 배열이 같고 소수점의 위치만 다른 양수의 상용로그의 소수 부분은 모두 같다.

> ▣ 상용로그표
> 0.01의 간격으로 1.00에서 9.99까지의 수에 대한 상용로그의 값을 반올림하여 소수 넷째 자리까지 나타낸 표
>
> ▣ $\log N = n + \log a$
> (n은 정수, $0 \le \log a < 1$)에서 n은 $\log N$의 정수 부분, $\log a$는 $\log N$의 소수 부분이다.

---

01 다음 값을 구하여라.

(1) $\log 1000$　　　　(2) $\log 0.01$　　　　(3) $\log \sqrt[3]{100}$

> 01
> $\log 10^n = \log_{10} 10^n$
> 　　　$= n \log_{10} 10 = n$
> 　　　　　(단, n은 실수이다.)

02 아래 상용로그표를 이용하여 $\log 1.32 + \log 1.05$의 값을 구하여라.

수	0	1	2	3	4	5
1.0	.0000	.0043	.0086	.0128	.0170	.0212
1.1	.0414	.0453	.0492	.0531	.0569	.0607
1.2	.0792	.0828	.0864	.0899	.0934	.0969
1.3	.1139	.1173	.1206	.1239	.1271	.1303

> 02
> $\log 1.32$의 값은 1.3의 행과 2의 열이 만나는 곳에 있는 수이다.

03 $\log 2 = 0.3010$, $\log 3 = 0.4771$일 때, $\log 60$의 값은?

① -1.7781　　　② 0.7781　　　③ 1.3010

④ 1.4771　　　⑤ 1.7781

> 03
> 로그의 기본 성질과 주어진 상용로그의 값을 이용한다.

04 $\log 4.82=0.6830$일 때, $\log 482+\log 0.0482$의 값은?

① 0.3415　　　　　② 0.6830　　　　　③ 1.3660

④ 1.7075　　　　　⑤ 2.0490

05 $\log 264=2.4216$일 때, 다음 등식을 만족시키는 x의 값을 구하여라.

(1) $\log x=1.4216$　　　　　(2) $\log x=-2.5784$

05
소수 부분이 같으면 진수의 숫자의 배열이 같음을 이용한다.

06 $\log 2=0.3010$일 때, 다음 물음에 답하여라.

(1) 2^{20}은 몇 자리의 정수인지 구하여라.

(2) $\left(\dfrac{1}{2}\right)^{10}$은 소수 몇째 자리에서 처음으로 0이 아닌 숫자가 나타나는지 구하여라.

06
2^{20}, $\left(\dfrac{1}{2}\right)^{10}$에 상용로그를 취하여 정수 부분을 구한다.
이때 상용로그의 값이 음수이면 $0\le$(소수 부분)<1이 되도록 한 후 정수 부분을 결정한다.

07 $10<x<100$일 때, $\log x$의 소수 부분과 $\log x^3$의 소수 부분이 같도록 하는 x의 값은?

① $10\sqrt[4]{10}$　　　　　② $10\sqrt[3]{10}$　　　　　③ $10\sqrt{10}$

④ $10\sqrt[3]{100}$　　　　　⑤ $10\sqrt[4]{1000}$

07
$\log A$의 소수 부분과 $\log B$의 소수 부분이 같다.
$\Rightarrow \log A-\log B=$(정수)

08 별의 밝기는 그 별이 지구로부터 10파섹의 거리에 있다고 생각했을 때의 밝기인 절대 등급과 지구에서 그 별을 볼 때의 실제 밝기인 겉보기 등급으로 나타낸다. 지구에서의 거리가 r파섹인 별의 절대 등급을 M, 겉보기 등급을 m이라고 하면

$$m-M=5\log r-5$$

가 성립한다. 겉보기 등급이 2, 절대 등급이 -3인 별의 지구로부터의 거리는 약 몇 광년인지 구하여라. (단, 1파섹은 약 3.26광년이다.)

08
문제에서 주어진 관계식에 문자에 해당하는 값을 대입한다.

01

거듭제곱근에 대한 다음 설명 중 옳은 것만을 |보기|에서 있는 대로 고른 것은?

|보기|
ㄱ. n이 짝수일 때, 실수 a의 n제곱근 중 실수인 것은 2개이다.
ㄴ. -64의 세제곱근 중 실수인 것은 없다.
ㄷ. 16의 네제곱근과 네제곱근 16은 같다.
ㄹ. n이 홀수일 때, 실수 a의 n제곱근 중 실수인 것은 1개이다.

① ㄱ   ② ㄴ   ③ ㄹ
④ ㄱ, ㄷ   ⑤ ㄴ, ㄷ

02

256의 네제곱근 중 양의 실수인 것을 a라 하고 -125의 세제곱근 중 실수인 것을 b라고 할 때, $a-b$의 값은?

① 3   ② 5   ③ 7
④ 9   ⑤ 11

03

$\sqrt[3]{2^2} \times 2^{-\frac{1}{4}} \times \sqrt[4]{2^7} = 2^k$일 때, 유리수 k의 값은?

① $\dfrac{3}{2}$ ② $\dfrac{11}{6}$ ③ $\dfrac{13}{6}$
④ $\dfrac{5}{2}$ ⑤ $\dfrac{17}{6}$

04

다음 세 수의 대소 관계를 바르게 나타낸 것은?

$$A = \sqrt[3]{3},\ B = \sqrt[4]{4},\ C = \sqrt[6]{6}$$

① $A < B < C$ ② $A < C < B$
③ $B < A < C$ ④ $B < C < A$
⑤ $C < B < A$

05

잘 틀리는 내신 유형

1이 아닌 양수 a에 대하여 $\sqrt{a\sqrt[3]{a^2\sqrt[4]{a}}} = a^{\frac{n}{m}}$이 성립할 때, $m+n$의 값을 구하여라.

(단, m과 n은 서로소인 자연수이다.)

06

$2^{2x} = 3$일 때, $\dfrac{2^{3x} - 2^{-3x}}{2^x - 2^{-x}}$의 값은?

① 3   ② $\dfrac{10}{3}$ ③ $\dfrac{11}{3}$
④ 4   ⑤ $\dfrac{13}{3}$

정답과 풀이 p.04

07

$a>0$이고 $a+a^{-1}=7$일 때, $a^{\frac{3}{2}}+a^{-\frac{3}{2}}$의 값은?

① 21　　　② 18　　　③ 15

④ 13　　　⑤ 11

08

두 실수 a, b에 대하여 $48^a=16$, $3^b=8$일 때, $\dfrac{4}{a}-\dfrac{3}{b}$의 값은?

① 1　　　② 2　　　③ 3

④ 4　　　⑤ 5

09

세 양수 a, b, c가
$$abc=8,\ a^x=b^y=c^z=16$$
을 만족시킬 때, $\dfrac{1}{x}+\dfrac{1}{y}+\dfrac{1}{z}$의 값은?

① $\dfrac{1}{4}$　　　② $\dfrac{1}{2}$　　　③ $\dfrac{3}{4}$

④ 1　　　⑤ $\dfrac{5}{4}$

10

$\log_{x-3}(-x^2+9x-18)$이 정의되기 위한 자연수 x의 개수는?

① 1　　　② 2　　　③ 3

④ 4　　　⑤ 5

11

잘 나오는 수능 유형

$\log_2 3+\log_2 6-\log_2 9$의 값은?

① -3　　　② -1　　　③ 0

④ 1　　　⑤ 3

12

$\log_7 2=a$, $\log_7 3=b$일 때, $\log_7 \sqrt{12}$를 a, b로 나타내면?

① $a+b$　　　② $a+2b$　　　③ $\dfrac{1}{2}a+\dfrac{1}{2}b$

④ $\dfrac{1}{2}a+b$　　　⑤ $a+\dfrac{1}{2}b$

13

$\log_2 48 - \log_2 3 + \dfrac{\log_3 64}{\log_3 2}$ 의 값은?

① 6   ② 8   ③ 10

④ 12   ⑤ 14

14

1이 아닌 양수 x에 대하여

$$\frac{1}{\log_3 x} + \frac{1}{\log_4 x} + \frac{1}{\log_5 x} = \frac{1}{\log_a x}$$

이 성립할 때, 1이 아닌 양수 a의 값은?

① 60   ② 40   ③ 20

④ 10   ⑤ 5

15

$2^x = 3$, $3^y = 5$일 때, xy의 값은?

① 15   ② $\sqrt[3]{5}$ ③ $\log_5 2$

④ $\log_2 5$ ⑤ $\log_{10} 15$

16

$a = \log_5 (1+\sqrt{2})$일 때, $\dfrac{5^a + 5^{-a}}{5^a - 5^{-a}}$의 값은?

① $\dfrac{\sqrt{2}}{2}$ ② $\dfrac{1}{2} + \dfrac{\sqrt{2}}{2}$ ③ $\sqrt{2}$

④ $1 + \dfrac{\sqrt{2}}{2}$ ⑤ $1 + \sqrt{2}$

17
잘 나오는 내신 유형

이차방정식 $x^2 - 4x + 2 = 0$의 두 근이 $\log_2 a$, $\log_2 b$일 때, $\log_a b + \log_b a$의 값은?

① 6   ② 8   ③ 10

④ 12   ⑤ 14

18

$\log 67.1 = 1.8267$일 때, $\log 6710 = a$, $\log b = -1.1733$

이다. 이때 $a + b$의 값을 구하여라. (단, $b > 0$)

19

$\log 50$의 정수 부분을 n, 소수 부분을 α라고 할 때, $\dfrac{10^n + 10^\alpha}{10^n - 10^\alpha}$의 값은?

① 3 　　　　② 5 　　　　③ 7

④ 9 　　　　⑤ 11

20

$\log A$의 정수 부분과 소수 부분이 이차방정식 $2x^2 + 3x + k = 0$의 두 근일 때, 상수 k의 값은?

① -1 　　　② -2 　　　③ -3

④ -4 　　　⑤ -5

21

6^{10}은 m자리의 정수이고 $\left(\dfrac{3}{5}\right)^{10}$은 소수 n째 자리에서 처음으로 0이 아닌 숫자가 나타난다. 이때 $m+n$의 값을 구하여라. (단, $\log 2 = 0.3010$, $\log 3 = 0.4771$로 계산한다.)

22

다음 두 조건을 만족시키는 양수 x의 값을 α, β, γ라고 할 때, $\log \alpha + \log \beta + \log \gamma$의 값은?

> ㈎ $\log x$의 정수 부분은 4이다.
>
> ㈏ $\log x^2$과 $\log \dfrac{1}{x}$의 소수 부분이 같다.

① 11 　　　② 13 　　　③ 15

④ 17 　　　⑤ 19

23

잘 나오는 수능 유형

디지털 사진을 압축할 때 원본 사진과 압축한 사진의 다른 정도를 나타내는 지표인 최대 신호 대 잡음비를 P, 원본 사진과 압축한 사진의 평균 제곱오차를 E라고 하면 다음과 같은 관계식이 성립한다고 한다.

$P = 20 \log 255 - 10 \log E$ (단, $E > 0$)

두 원본 사진 A, B를 압축했을 때 최대 신호 대 잡음비를 각각 P_A, P_B라 하고, 평균 제곱오차를 각각 $E_A(E_A > 0)$, $E_B(E_B > 0)$라고 하자. $E_B = 100 E_A$일 때, $P_A - P_B$의 값은?

① 30 　　　② 25 　　　③ 20

④ 15 　　　⑤ 0

 **지수함수**

1. 지수함수

임의의 실수 x에 a^x을 대응시키는 함수 $y=a^x$ $(a>0,\ a\neq1)$을 a를 밑으로 하는 지수함수라고 한다.

2. 지수함수 $y=a^x$ $(a>0,\ a\neq1)$의 성질

① 정의역은 실수 전체의 집합이고, 치역은 양의 실수 전체의 집합이다.

② 그래프는 항상 점 $(0,\ 1)$과 점 $(1,\ a)$를 지난다.

③ 그래프는 직선 $y=0$ $(x$축$)$을 점근선으로 한다.

④ $a>1$일 때, x의 값이 증가하면 y의 값도 증가한다.

　　$0<a<1$일 때, x의 값이 증가하면 y의 값은 감소한다.

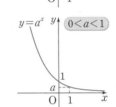

3. 지수함수의 그래프의 평행이동과 대칭이동

지수함수 $y=a^x$ $(a>0,\ a\neq1)$의 그래프를

① x축의 방향으로 m만큼, y축의 방향으로 n만큼 평행이동
　$\Rightarrow y=a^{x-m}+n$

② x축에 대하여 대칭이동 $\Rightarrow y=-a^x$

③ y축에 대하여 대칭이동 $\Rightarrow y=a^{-x}=\left(\dfrac{1}{a}\right)^x$

④ 원점에 대하여 대칭이동 $\Rightarrow y=-a^{-x}=-\left(\dfrac{1}{a}\right)^x$

■ **지수함수를 이용한 대소 비교**

① $a>1$일 때
　$m<n \Longleftrightarrow a^m<a^n$

② $0<a<1$일 때
　$m<n \Longleftrightarrow a^m>a^n$

■ **함수 $y=a^{f(x)}$의 최대, 최소**

① $a>1$일 때
　$f(x)$가 최대이면 y도 최대, $f(x)$가 최소이면 y도 최소가 된다.

② $0<a<1$일 때
　$f(x)$가 최대이면 y는 최소, $f(x)$가 최소이면 y는 최대가 된다.

---

01 함수 $f(x)=2^{x+a}$에 대하여 $f(0)=4$일 때, $f(1)$의 값은? (단, a는 상수이다.)

① 1　　　　　　② 2　　　　　　③ 4

④ 8　　　　　　⑤ 16

> 01
>
> $f(0)=4$를 이용하여 a의 값을 먼저 구한다.

02 다음 함수의 그래프를 그려라.

(1) $y=2^{x-2}$ 　　　　　　　(2) $y=2^{-x+1}-3$

---

03 함수 $y=2^{x-1}+1$에 대한 다음 설명 중 옳지 <u>않은</u> 것은?

① 그래프는 점 $(1, 2)$를 지난다.

② 그래프는 x축을 점근선으로 한다.

③ 그래프는 제3, 4사분면을 지나지 않는다.

④ x의 값이 증가하면 y의 값도 증가한다.

⑤ 정의역은 실수 전체의 집합이고, 치역은 $\{y|y>1\}$이다.

03

함수 $y=2^{x-1}+1$의 그래프를 그려 이 함수에 대한 설명이 옳은지 확인한다.

04 지수함수 $y=3^x$의 그래프를 x축의 방향으로 a만큼, y축의 방향으로 b만큼 평행이동하면 함수 $y=9 \times 3^x+3$의 그래프와 일치한다. 이때 $a+b$의 값은?

① 1   ② 2   ③ 3

④ 4   ⑤ 5

04

지수함수 $y=a^x\,(a>0,\ a\neq1)$의 그래프를 x축의 방향으로 m만큼, y축의 방향으로 n만큼 평행이동한 그래프의 식은 x 대신 $x-m$, y 대신 $y-n$을 대입한다.

05 다음 두 수의 크기를 비교하여라.

(1) $\sqrt{2}$, $\sqrt[7]{8}$ (2) $\left(\dfrac{1}{3}\right)^4$, $\left(\dfrac{1}{27}\right)^2$

05

밑을 통일시킨 후 밑이 1보다 큰지 작은지 알아본다.

06 정의역이 $\{x|-1\leq x\leq2\}$일 때, 함수 $y=\left(\dfrac{1}{2}\right)^{-x^2+2x}$의 최댓값을 M, $y=2^{x+1}$의 최솟값을 m이라고 할 때, $M+m$의 값은?

① 1   ② 3   ③ 5

④ 7   ⑤ 9

06

함수 $y=a^{f(x)}$의 최대, 최소는

① $a>1$일 때

⇨ $f(x)$가 최대이면 y도 최대, $f(x)$가 최소이면 y도 최소

② $0<a<1$일 때

⇨ $f(x)$가 최대이면 y는 최소, $f(x)$가 최소이면 y는 최대

07 정의역이 $\{x|0\leq x\leq2\}$일 때, 함수 $y=2^{x+1}-4^x+3$의 최댓값과 최솟값의 합은?

① -1 ② -3 ③ -5

④ -7 ⑤ -9

07

$2^x=t$로 치환한 후 t의 값의 범위를 구한다.

05 지수방정식과 지수부등식

1. 지수방정식의 풀이

(1) 밑을 같게 할 수 있는 경우

$$a^{f(x)} = a^{g(x)} \Longleftrightarrow f(x) = g(x) \ (단, \ a > 0, \ a \neq 1)$$

(2) a^x의 꼴이 반복하여 나오는 경우

$a^x = t$로 치환하여 푼다. 이때 $t > 0$임에 주의한다.

(3) 지수가 같은 경우

$$a^{f(x)} = b^{f(x)} \Longleftrightarrow a = b \ 또는 \ f(x) = 0 \ (단, \ a > 0, \ b > 0)$$

(4) 밑이 같은 경우

$$a^{f(x)} = a^{g(x)} \Longleftrightarrow f(x) = g(x) \ 또는 \ a = 1 \ (단, \ a > 0)$$

2. 지수부등식의 풀이

(1) 밑을 같게 할 수 있는 경우

$a > 1$일 때, $a^{f(x)} < a^{g(x)} \Longleftrightarrow f(x) < g(x)$

$0 < a < 1$일 때, $a^{f(x)} < a^{g(x)} \Longleftrightarrow f(x) > g(x)$

(2) a^x의 꼴이 반복하여 나오는 경우

$a^x = t$로 치환하여 푼다. 이때 $t > 0$임에 주의한다.

■ **지수방정식**
지수에 미지수가 있는 방정식

■ **지수부등식**
지수에 미지수가 있는 부등식

■ 밑을 같게 할 수 있는 지수 부등식에서
① (밑) > 1
  ⇨ 부등호 방향은 그대로
② 0 < (밑) < 1
  ⇨ 부등호 방향은 반대로

---

01 다음 방정식을 풀어라.

(1) $2^{2x} = 64$

(2) $\left(\dfrac{1}{3}\right)^x = 3\sqrt{3}$

> **01**
> 밑을 같게 한 후 지수를 비교한다.

02 방정식 $9^x - 2 \times 3^x - 3 = 0$을 풀어라.

> **02**
> $3^x = t$로 치환한 후 t에 대한 방정식을 푼다. 이때 $t > 0$임에 주의한다.

03 방정식 $4^x - 5 \times 2^{x+1} + 16 = 0$의 두 근을 α, β라고 할 때, $\alpha - \beta$의 값은? (단, $\alpha > \beta$)

① 1 　　　　② 2 　　　　③ 3

④ 4 　　　　⑤ 5

> **03**
> $2^x = t$로 치환한 후 t에 대한 방정식을 푼다. 이때 $t > 0$임에 주의한다.

04 다음 방정식을 풀어라. (단, $x>0$)

(1) $2^{x-1}=x^{x-1}$

(2) $x^{2x-3}=x^x$

04

① 지수가 같을 때 ⇨ 밑이 같거나 지수가 0인 경우로 나누어 푼다.

② 밑이 같을 때 ⇨ 지수가 같거나 밑이 1인 경우로 나누어 푼다.

05 다음 부등식을 풀어라.

(1) $25^x>125$

(2) $\left(\dfrac{1}{8}\right)^{x+1}\geq\left(\dfrac{1}{64}\right)^x$

05

밑을 같게 할 수 있는 지수부등식에서

① (밑)>1
  ⇨ 부등호 방향은 그대로

② $0<$(밑)<1
  ⇨ 부등호 방향은 반대로

06 부등식 $4^x-3\times2^x-4\geq0$을 풀어라.

06

$2^x=t$로 치환한 후 t에 대한 방정식을 푼다. 이때 $t>0$임에 주의한다.

07 부등식 $x^{2x}<x^{x+2}$을 풀면? (단, $x>0$)

① $0<x<1$ ② $1<x<2$ ③ $0<x<2$

④ $x>1$ ⑤ $x>2$

07

밑에 미지수가 있는 지수부등식은 (밑)>1, $0<$(밑)<1, (밑)$=1$의 세 가지 경우로 나누어 푼다.

08 부등식 $\dfrac{1}{9}<3^{2x-1}<27\sqrt{3}$의 해가 $a<x<b$일 때, $a+b$의 값은?

① $\dfrac{7}{4}$ ② 2 ③ $\dfrac{9}{4}$

④ $\dfrac{5}{2}$ ⑤ $\dfrac{11}{4}$

08

밑을 3으로 같게 만든 후 지수부등식을 푼다.

06 로그함수

1. 로그함수

지수함수 $y=a^x$ $(a>0,\ a\neq1)$의 역함수 $y=\log_a x$ $(a>0,\ a\neq1)$를 a를 밑으로 하는 로그함수라고 한다.

2. 로그함수 $y=\log_a x$ $(a>0,\ a\neq1)$의 성질

① 정의역은 양의 실수 전체의 집합이고, 치역은 실수 전체의 집합이다.

② 그래프는 항상 점 $(1,\ 0)$과 점 $(a,\ 1)$을 지난다.

③ 그래프는 직선 $x=0$ $(y$축$)$을 점근선으로 한다.

④ $a>1$일 때, x의 값이 증가하면 y의 값도 증가한다.
  $0<a<1$일 때, x의 값이 증가하면 y의 값은 감소한다.

⑤ 지수함수 $y=a^x$의 그래프와 직선 $y=x$에 대하여 대칭이다.

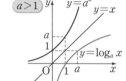

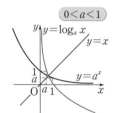

3. 로그함수의 그래프의 평행이동과 대칭이동

로그함수 $y=\log_a x$ $(a>0,\ a\neq1)$의 그래프를

① x축의 방향으로 m만큼, y축의 방향으로 n만큼 평행이동
  $\Rightarrow y=\log_a(x-m)+n$

② x축에 대하여 대칭이동 $\Rightarrow y=-\log_a x$

③ y축에 대하여 대칭이동 $\Rightarrow y=\log_a(-x)$

④ 원점에 대하여 대칭이동 $\Rightarrow y=-\log_a(-x)$

⑤ 직선 $y=x$에 대하여 대칭이동 $\Rightarrow y=a^x$

◼ 로그함수를 이용한 대소 비교

① $a>1$일 때 $0<m<n$
  $\Longleftrightarrow \log_a m<\log_a n$

② $0<a<1$일 때
  $0<m<n$
  $\Longleftrightarrow \log_a m>\log_a n$

◼ 함수 $y=\log_a f(x)$의 최대, 최소

① $a>1$일 때
  $f(x)$가 최대이면 y도 최대, $f(x)$가 최소이면 y도 최소가 된다.

② $0<a<1$일 때
  $f(x)$가 최대이면 y는 최소, $f(x)$가 최소이면 y는 최대가 된다.

---

01 함수 $f(x)=\log_a(x+1)$ $(a>0,\ a\neq1)$에 대하여 $f(2)=1$일 때, $f(8)$의 값은?

① -6 ② -4 ③ -2

④ 2 ⑤ 4

> 01
> $f(2)=1$을 이용하여 a의 값을 먼저 구한다.

02 다음 함수의 그래프를 그려라.

(1) $y=\log_2(x+3)-1$ (2) $y=\log_{\frac{1}{2}}(x+1)+2$

03 함수 $y=\log_2(x-3)+1$에 대한 다음 설명 중 옳지 <u>않은</u> 것은?

① 그래프는 점 $(4, 1)$을 지난다.
② 그래프는 제2, 3사분면을 지나지 않는다.
③ 그래프는 점근선의 방정식은 $x=3$이다.
④ x의 값이 증가하면 y의 값도 증가한다.
⑤ 정의역은 $\{x|x>1\}$이고, 치역은 실수 전체의 집합이다.

03
함수 $y=\log_2(x-3)+1$의 그래프를 그려 이 함수에 대한 설명이 옳은지 확인한다.

04 함수 $y=\log_2 x$의 그래프를 직선 $y=x$에 대하여 대칭이동한 후, x축의 방향으로 1만큼, y축의 방향으로 -2만큼 평행이동하였더니 함수 $y=2^{x-a}+b$의 그래프와 일치하였다. 이때 $a+b$의 값은? (단, a, b는 상수이다.)

① -2 ② -1 ③ 0
④ 1 ⑤ 2

04
로그함수 $y=\log_a x\,(a>0, a\neq1)$의 그래프를 직선 $y=x$에 대하여 대칭이동하면 지수함수 $y=a^x$의 그래프가 된다.

05 다음 두 수의 크기를 비교하여라.

(1) $\log_2 10$, $2\log_2 3$

(2) $\dfrac{1}{3}\log_{\frac{1}{2}} 27$, $\log_{\frac{1}{2}}\sqrt{10}$

05
밑의 크기가 같으므로 진수의 크기를 비교한다.
① $a>1$일 때 $0<m<n$
　$\Longleftrightarrow \log_a m<\log_a n$
② $0<a<1$일 때 $0<m<n$
　$\Longleftrightarrow \log_a m>\log_a n$

06 정의역이 $\{x|2\leq x\leq4\}$일 때, 함수 $y=\log_{\frac{1}{2}}(x-1)+1$의 최댓값을 M, 함수 $y=\log_3(x^2-2x+1)$의 최솟값을 m이라고 할 때, $M+m$의 값은?

① 1 ② 3 ③ 5
④ 7 ⑤ 9

06
함수 $y=\log_a f(x)$의 최대, 최소는
① $a>1$일 때
　$\Rightarrow f(x)$가 최대이면 y도 최대, $f(x)$가 최소이면 y도 최소
② $0<a<1$일 때
　$\Rightarrow f(x)$가 최대이면 y는 최소, $f(x)$가 최소이면 y는 최대

07 $\dfrac{1}{4}\leq x\leq4$에서 정의된 함수 $y=(\log_2 x)^2-2\log_2 x-8$의 최댓값과 최솟값의 합은?

① -1 ② -3 ③ -5
④ -7 ⑤ -9

07
$\log_2 x=t$로 치환한 후 t의 값의 범위를 구한다.

07 로그방정식과 로그부등식

1. 로그방정식의 풀이 (단, $a>0$, $a\neq1$)

(1) $\log_a f(x)=b \Longleftrightarrow f(x)=a^b$ (단, $f(x)>0$)

(2) 밑을 같게 할 수 있는 경우

$\log_a f(x)=\log_a g(x) \Longleftrightarrow f(x)=g(x)$ (단, $f(x)>0$, $g(x)>0$)

(3) $\log_a x$의 꼴이 반복하여 나오는 경우 ⇨ $\log_a x=t$로 치환하여 푼다.

(4) 진수가 같은 경우

$\log_a f(x)=\log_b f(x) \Longleftrightarrow a=b$ 또는 $f(x)=1$ (단, $b>0$, $b\neq1$)

(5) 지수에 로그가 있는 경우 ⇨ 양변에 로그를 취하여 푼다.

2. 로그부등식의 풀이

(1) 밑을 같게 할 수 있는 경우

$a>1$일 때, $\log_a f(x)<\log_a g(x) \Longleftrightarrow 0<f(x)<g(x)$

$0<a<1$일 때, $\log_a f(x)<\log_a g(x) \Longleftrightarrow f(x)>g(x)>0$

(2) $\log_a x$의 꼴이 반복하여 나오는 경우 ⇨ $\log_a x=t$로 치환하여 푼다.

(단, $a>0$, $a\neq1$)

(3) 지수에 로그가 있는 경우 ⇨ 양변에 로그를 취하여 푼다.

■ 로그방정식
로그의 밑 또는 진수에 미지수가 있는 방정식

■ 로그부등식
로그의 밑 또는 진수에 미지수가 있는 부등식

■ 로그방정식과 로그부등식을 풀 때에는 (진수)>0, (밑)>0, (밑)≠1을 만족시키는지 반드시 확인한다.

■ 밑을 같게 할 수 있는 로그부등식에서
① (밑)>1
⇨ 부등호 방향은 그대로
② 0<(밑)<1
⇨ 부등호 방향은 반대로

---

01 다음 방정식을 풀어라.

(1) $\log_2 (x-1)=4$

(2) $\log_2 x+\log_2 (x-3)=2$

> **01**
> $\log_a f(x)=b \Longleftrightarrow f(x)=a^b$임을 이용한다.

02 다음 방정식을 풀어라.

(1) $\log_2 (2x-1)=\log_2 (x^2-4)$

(2) $\log_3 (x-4)=\log_9 (5x+4)$

> **02**
> 밑을 같게 한 후 진수가 같음을 이용한다.

03 방정식 $(\log_2 x)^2-3\log_2 x-4=0$의 해가 $x=\alpha$ 또는 $x=\beta$일 때, $\alpha\beta$의 값은?

① -4 ② -2 ③ 2

④ 4 ⑤ 8

> **03**
> $\log_2 x=t$로 치환한 후 t에 대한 방정식을 푼다.

04 방정식 $x^{\log x}=1000x^2$의 해가 $x=\alpha$ 또는 $x=\beta$일 때, $\alpha\beta$의 값은?

① $\dfrac{1}{10}$ ② 1 ③ 10

④ 100 ⑤ 1000

04 양변에 상용로그를 취하여 푼다.

05 다음 부등식을 풀어라.

(1) $\log_2(3x-2)<2$ (2) $\log_{\frac{1}{2}}(x+2)<-3$

05 부등식의 양변을 밑이 같은 로그의 꼴로 바꾸어 푼다.

06 다음 부등식을 풀어라.

(1) $\log_2(2+3x)>\log_2(1-5x)$ (2) $\log_{\frac{1}{3}}(3x-5)\geq\log_{\frac{1}{3}}(x+1)$

06 밑을 같게 할 수 있는 로그부등식에서
① (밑)>1
   ⇨ 부등호 방향은 그대로
② $0<$(밑)<1
   ⇨ 부등호 방향은 반대로

07 부등식 $\left(\log_{\frac{1}{2}}x\right)^2+3\log_{\frac{1}{2}}x-10<0$의 해가 $\alpha<x<\beta$일 때, $\alpha\beta$의 값은?

① 4 ② 8 ③ 12

④ 16 ⑤ 20

07 $\log_{\frac{1}{2}}x=t$로 치환한 후 t에 대한 부등식을 푼다.

08 부등식 $x^{\log_2 x}<8x^2$의 해가 $\alpha<x<\beta$일 때, $\alpha\beta$의 값은?

① 3 ② 4 ③ 5

④ 6 ⑤ 7

08 양변에 밑이 2인 로그를 취하여 푼다.

실력 확인 문제

01

지수함수 $f(x)=a^x$ $(a>0, a\ne1)$에 대한 설명 중 옳은 것만을 |보기|에서 있는 대로 고른 것은?

|보기|
ㄱ. 그래프는 점 $(0, 1)$을 지난다.
ㄴ. x의 값이 증가하면 y의 값도 증가한다.
ㄷ. 정의역은 실수 전체의 집합이고, 치역은 양의 실수 전체의 집합이다.
ㄹ. 그래프는 y축을 점근선으로 한다.

① ㄱ   ② ㄴ   ③ ㄹ
④ ㄱ, ㄷ   ⑤ ㄴ, ㄷ

02

오른쪽 그림은 두 함수 $y=2^x$과 $y=x$의 그래프이다. 이때 $\left(\dfrac{1}{2}\right)^{c-a-b}$의 값은?
(단, 점선은 x축 또는 y축에 평행하다.)

① $\dfrac{1}{8}$ ② $\dfrac{1}{4}$ ③ $\dfrac{1}{2}$
④ 2 ⑤ 4

03

지수함수 $y=a^x$의 그래프를 y축에 대하여 대칭이동한 후, x축의 방향으로 2만큼, y축의 방향으로 3만큼 평행이동한 그래프가 점 $(1, 5)$를 지날 때, 상수 a의 값은?

① $\sqrt{2}$ ② 2 ③ $2\sqrt{2}$
④ 4 ⑤ $4\sqrt{2}$

04

다음 세 수의 대소 관계를 바르게 나타낸 것은?

$$A=(\sqrt{2})^3,\ B=0.5^{\frac{1}{3}},\ C=\sqrt[3]{4}$$

① $A<B<C$ ② $A<C<B$
③ $B<A<C$ ④ $B<C<A$
⑤ $C<B<A$

05

잘 나오는 내신 유형

함수 $y=4^x-2^{x+a}+b$는 $x=1$일 때 최솟값 3을 갖는다고 한다. 두 상수 a, b에 대하여 $a+b$의 값은?

① 3   ② 5   ③ 7
④ 9   ⑤ 11

06

두 실수 x, y에 대하여 $x+y=2$일 때, 2^x+2^y의 최솟값은?

① $\sqrt{2}$ ② $2\sqrt{2}$ ③ 4
④ $4\sqrt{2}$ ⑤ 8

07

방정식 $\left(\dfrac{2}{3}\right)^{x^2+1}=\left(\dfrac{3}{2}\right)^{-x-3}$ 을 만족시키는 모든 x의 값의 합은?

① -1　　　② 0　　　③ 1

④ 2　　　⑤ 3

08

잘 나오는 수능 유형

방정식 $2^x-6+2^{3-x}=0$의 두 근을 α, β라고 할 때, $\alpha+2\beta$의 값은? (단, $\alpha<\beta$)

① 5　　　② 7　　　③ 9

④ 11　　　⑤ 13

09

잘 틀리는 내신 유형

방정식 $25^x-5^{x+1}+k=0$이 서로 다른 두 실근을 갖도록 하는 정수 k의 개수는?

① 2　　　② 3　　　③ 4

④ 5　　　⑤ 6

10

처음에 100마리인 박테리아가 x시간 후에는 $100a^x\,(a>0)$ 마리가 된다고 한다. 3시간 후 이 박테리아가 6400마리가 되었을 때, 박테리아가 102400마리가 되는 것은 몇 시간 후인지 구하여라.

11

부등식 $(2^x-8)(2^x-32)<0$을 만족시키는 모든 자연수 x의 개수는?

① 1　　　② 2　　　③ 3

④ 4　　　⑤ 5

12

부등식 $4^x-6\times2^x-16\leq0$을 만족시키는 모든 자연수 x의 개수는?

① 1　　　② 2　　　③ 3

④ 4　　　⑤ 5

13

함수 $f(x)=\log_4(x-2)+3$의 역함수를 $g(x)$라고 할 때, $g(3)$의 값은?

① 2   ② 3   ③ 4

④ 5   ⑤ 6

14

> 잘 나오는 내신 유형

함수 $y=a+\log_2(x-b)$의 그래프의 점근선의 방정식이 $x=2$이고 이 그래프가 점 $(6,3)$을 지날 때, $a+b$의 값은? (단, a, b는 상수이다.)

① 1   ② 2   ③ 3

④ 4   ⑤ 5

15

오른쪽 그림은 두 함수 $y=\log_3 x$ 와 $y=x$의 그래프이다. 이때 $a+b$ 의 값은? (단, 점선은 x축 또는 y축 에 평행하다.)

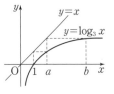

① 22   ② 24   ③ 26

④ 28   ⑤ 30

16

함수 $y=\log_2 3x$의 그래프를 x축의 방향으로 m만큼, y축 의 방향으로 n만큼 평행이동하면 $y=\log_2(6x-12)$의 그 래프와 일치한다. 이때 $m+n$의 값은?

① -1 ② 1   ③ 3

④ 5   ⑤ 7

17

다음 세 수의 대소 관계를 바르게 나타낸 것은?

$$A=2\log_{0.1} 2\sqrt{2},\ B=\log_{10}\frac{1}{16},\ C=\log_{0.1} 2-1$$

① $A<B<C$ ② $A<C<B$

③ $B<A<C$ ④ $C<A<B$

⑤ $C<B<A$

18

$\frac{1}{4}\le x\le 2$에서 정의된 함수

$y=(\log_{\frac{1}{2}} x)^2+\log_{\frac{1}{2}} x^2+3$의 최댓값과 최솟값의 합은?

① 5   ② 7   ③ 9

④ 11   ⑤ 13

19

잘 틀리는 내신 유형

$x>0$, $y>0$일 때, $\log_3\left(x+\dfrac{4}{y}\right)+\log_3\left(y+\dfrac{1}{x}\right)$의 최솟값은?

① 2   ② 4   ③ 6

④ 8   ⑤ 10

20

방정식 $\log_3(x-1)+\log_3(4x-7)=3$을 만족시키는 x의 값은?

① 3   ② 4   ③ 5

④ 6   ⑤ 7

21

부등식 $2\log_{\frac{1}{2}}(x-3)>\log_{\frac{1}{2}}(x-1)$의 해가 $\alpha<x<\beta$일 때, $\alpha\beta$의 값은?

① 7   ② 9   ③ 10

④ 13   ⑤ 15

22

잘 나오는 수능 유형

부등식 $(\log_2 x)^2-\log_2 x^5+6<0$의 해가 $\alpha<x<\beta$일 때, $\alpha\beta$의 값은?

① 6   ② 8   ③ 16

④ 24   ⑤ 32

23

부등식 $(1+\log_2 x)(a-\log_2 x)>0$의 해가 $\dfrac{1}{2}<x<4$일 때, 상수 a의 값은?

① 1   ② 2   ③ 3

④ 4   ⑤ 5

24

불순물을 포함한 물질이 어떤 여과 장치를 통과하면 불순물의 10 %가 제거된다. 불순물의 양이 처음 양의 1 % 이하가 되게 하려면 이 여과 장치를 최소한 몇 번 통과시켜야 하는가? (단, $\log 3=0.4771$로 계산한다.)

① 40번   ② 42번   ③ 44번

④ 46번   ⑤ 48번

1. 일반각

시초선 OX와 동경 OP가 이루는 한 각의 크기를 $a°$라고 할 때, $360°n+a°$ (n은 정수)로 표시되는 각을 동경 OP가 나타내는 일반각이라고 한다.

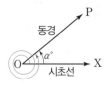

2. 육십분법과 호도법

(1) 호도법

반지름의 길이가 r, 호의 길이가 r인 부채꼴의 중심각의 크기를 1라디안(radian)이라 하고, 이것을 단위로 하여 각의 크기를 나타내는 방법을 호도법이라고 한다.

(2) 호도법과 육십분법의 관계

$$1라디안=\frac{180°}{\pi}, \quad 1°=\frac{\pi}{180}라디안$$

3. 부채꼴의 호의 길이와 넓이

반지름의 길이가 r, 중심각의 크기가 θ (라디안)인 부채꼴의 호의 길이를 l, 넓이를 S라고 하면

① $l=r\theta$

② $S=\frac{1}{2}r^2\theta=\frac{1}{2}rl$

■ 일반각 $360°n+a°$에서 $a°$는 보통 $0°\leq a°<360°$인 것을 택한다.

■ **사분면의 각**

① θ가 제1사분면의 각일 때
 $\Rightarrow 360°n<\theta<360°n+90°$

② θ가 제2사분면의 각일 때
 $\Rightarrow 360°n+90°<\theta<360°n+180°$

③ θ가 제3사분면의 각일 때
 $\Rightarrow 360°n+180°<\theta<360°n+270°$

④ θ가 제4사분면의 각일 때
 $\Rightarrow 360°n+270°<\theta<360°n+360°$
 (단, n은 정수이다.)

■ **육십분법과 호도법**

육십분법	호도법
30°	$\frac{\pi}{6}$
45°	$\frac{\pi}{4}$
60°	$\frac{\pi}{3}$
90°	$\frac{\pi}{2}$
180°	π

---

01 다음 각의 동경이 나타내는 일반각을 $360°n+a°$의 꼴로 나타내어라.
(단, $0°\leq a°<360°$, n은 정수이다.)

(1) $760°$　　　　　　　　　　　　　(2) $-380°$

02 다음 중 제3사분면의 각은?

① $-690°$　　　　② $820°$　　　　③ $-530°$

④ $660°$　　　　⑤ $-1020°$

03 θ가 제2사분면의 각일 때, $\frac{\theta}{3}$의 동경이 존재할 수 <u>없는</u> 사분면은?

① 제1사분면　　　② 제2사분면　　　③ 제3사분면

④ 제4사분면　　　⑤ 제1, 4사분면

02
θ가 제3사분면의 각이면
$360°n+180°<\theta<360°n+270°$
(단, n은 정수이다.)

03
θ가 제2사분면의 각이므로
$360°n+90°<\theta<360°n+180°$
로 놓고 $\frac{\theta}{3}$의 값의 범위를 구한다.
(단, n은 정수이다.)

04 다음에서 호도법으로 나타낸 각은 육십분법으로, 육십분법으로 나타낸 각은 호도법으로 나타내어라.

(1) $60°$ (2) $-150°$

(3) $\dfrac{5}{4}\pi$ (4) $-\dfrac{2}{3}\pi$

04

① 육십분법을 호도법으로 바꿀 때
⇨ (육십분법의 각)$\times\dfrac{\pi}{180}$

② 호도법을 육십분법으로 바꿀 때
⇨ (호도법의 각)$\times\dfrac{180°}{\pi}$

05 각 θ를 나타내는 동경과 각 4θ를 나타내는 동경이 일치하도록 하는 θ의 값은?

$\left(단,\ 0<\theta<\pi\right)$

① $\dfrac{\pi}{6}$ ② $\dfrac{\pi}{4}$ ③ $\dfrac{\pi}{3}$

④ $\dfrac{2}{3}\pi$ ⑤ $\dfrac{5}{6}\pi$

05

두 각 θ, 4θ를 나타내는 동경이 일치하므로 $4\theta-\theta=2n\pi$로 놓는다.
(단, n은 정수이다.)

06 각 θ를 나타내는 동경과 각 7θ를 나타내는 동경이 원점에 대하여 대칭일 때, θ의 값은?

$\left(단,\ \dfrac{\pi}{2}<\theta<\pi\right)$

① $\dfrac{2}{3}\pi$ ② $\dfrac{3}{4}\pi$ ③ $\dfrac{4}{5}\pi$

④ $\dfrac{5}{6}\pi$ ⑤ $\dfrac{6}{7}\pi$

06

두 각 θ, 7θ를 나타내는 동경이 원점에 대하여 대칭이므로 $7\theta-\theta=2n\pi+\pi$로 놓는다.
(단, n은 정수이다.)

07 반지름의 길이가 3이고, 중심각의 크기가 $\dfrac{\pi}{6}$인 부채꼴에서 다음을 구하여라.

(1) 호의 길이   (2) 넓이

07

반지름의 길이가 r, 중심각의 크기가 θ(라디안)인 부채꼴의 호의 길이를 l, 넓이를 S라고 하면
$l=r\theta$, $S=\dfrac{1}{2}r^2\theta=\dfrac{1}{2}rl$

08 호의 길이가 π, 넓이가 $\dfrac{3}{4}\pi$인 부채꼴의 중심각의 크기는?

① $\dfrac{\pi}{3}$ ② $\dfrac{\pi}{2}$ ③ $\dfrac{2}{3}\pi$

④ $\dfrac{3}{4}\pi$ ⑤ π

08

부채꼴의 호의 길이와 넓이를 이용하여 반지름의 길이를 구한 후, 호의 길이와 반지름의 길이를 이용하여 중심각의 크기를 구한다.

필수 개념 09 삼각함수

1. 삼각함수

반지름의 길이가 r인 원 위의 점 $P(x, y)$에 대하여 동경 OP가 나타내는 일반각의 크기를 θ라고 할 때

$$\sin \theta = \frac{y}{r}, \ \cos \theta = \frac{x}{r}, \ \tan \theta = \frac{y}{x}$$

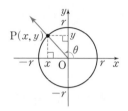

2. 삼각함수의 값의 부호

삼각함수의 값의 부호는 각 θ를 나타내는 동경이 위치한 사분면에 따라 다음과 같이 정해진다.

	제1사분면	제2사분면	제3사분면	제4사분면
$\sin \theta$	+	+	−	−
$\cos \theta$	+	−	−	+
$\tan \theta$	+	−	+	−

3. 삼각함수 사이의 관계

① $\tan \theta = \dfrac{\sin \theta}{\cos \theta}$

② $\sin^2 \theta + \cos^2 \theta = 1$

■ 삼각함수
$\sin \theta$, $\cos \theta$, $\tan \theta$를 통틀어 θ에 대한 삼각함수라고 한다.

■ 삼각비
$B = 90°$인 직각삼각형 ABC에서

$\sin A = \dfrac{a}{b}$, $\cos A = \dfrac{c}{b}$,

$\tan A = \dfrac{a}{c}$

---

01 좌표평면 위의 점 $P(4, -3)$에 대하여 동경 OP가 나타내는 각의 크기를 θ라고 할 때, 다음 삼각함수의 값을 구하여라. (단, O는 원점이다.)

  (1) $\sin \theta$ (2) $\cos \theta$ (3) $\tan \theta$

01
동경 OP를 그린 후, 선분 OP의 길이를 구한다.

02 $\theta = \dfrac{3}{4}\pi$일 때, $\sin \theta$, $\cos \theta$, $\tan \theta$의 값을 각각 구하여라.

02
반지름의 길이가 1인 단위원과 $\theta = \dfrac{3}{4}\pi$를 나타내는 동경의 교점의 좌표를 구한다.

03 다음을 만족시키는 각 θ는 제몇 사분면의 각인지 말하여라.

  (1) $\sin \theta < 0$, $\cos \theta < 0$

  (2) $\cos \theta > 0$, $\tan \theta > 0$

  (3) $\sin \theta > 0$, $\tan \theta < 0$

03
각 사분면에서 부호가 +인 삼각함수

```
           y↑  sin θ
    sin θ     | cos θ
              | tan θ
    ──────────O──────→ x
    tan θ     | cos θ
```

04 $\cos\theta\tan\theta>0$, $\cos\theta+\tan\theta<0$을 동시에 만족시키는 θ의 동경이 존재할 수 있는 사분면은?

① 제1사분면   ② 제2사분면   ③ 제3사분면

④ 제4사분면   ⑤ 제1, 3사분면

04

$\cos\theta\tan\theta>0$이므로 $\cos\theta$와 $\tan\theta$의 부호는 같다.

05 $\dfrac{\pi}{2}<\theta<\pi$일 때, $|\sin\theta-\cos\theta|+\cos\theta+\sqrt{\sin^2\theta}$ 를 간단히 하면?

① -2 ② 0 ③ 2

④ $2\sin\theta$ ⑤ $2\cos\theta$

05

θ가 제2사분면의 각이므로 $\sin\theta>0$, $\cos\theta<0$

06 $\dfrac{\cos\theta}{1-\sin\theta}+\dfrac{\cos\theta}{1+\sin\theta}$ 를 간단히 하면?

① -2 ② 0 ③ 2

④ $\dfrac{2}{\sin\theta}$ ⑤ $\dfrac{2}{\cos\theta}$

06

주어진 식을 통분하여 간단히 한 후, $\sin^2\theta+\cos^2\theta=1$임을 이용한다.

07 θ가 제2사분면의 각이고 $\cos\theta=-\dfrac{4}{5}$일 때, $\sin\theta+\tan\theta$의 값은?

① $-\dfrac{3}{20}$ ② $-\dfrac{1}{5}$ ③ $-\dfrac{1}{4}$

④ $-\dfrac{3}{10}$ ⑤ $-\dfrac{7}{20}$

07

$\sin^2\theta+\cos^2\theta=1$임을 이용하여 $\sin\theta$의 값을 구한다. 이때 θ가 제2사분면의 각이므로 $\sin\theta>0$이다.

08 $\sin\theta+\cos\theta=\dfrac{5}{4}$일 때, $\sin\theta\cos\theta$의 값은?

① $\dfrac{1}{4}$ ② $\dfrac{9}{32}$ ③ $\dfrac{5}{16}$

④ $\dfrac{11}{32}$ ⑤ $\dfrac{3}{8}$

08

$\sin\theta+\cos\theta=\dfrac{5}{4}$의 양변을 제곱한 후, $\sin^2\theta+\cos^2\theta=1$임을 이용한다.

01

다음 중 옳지 않은 것은?

① $\dfrac{3}{2}\pi = 270°$ ② $135° = \dfrac{3}{4}\pi$ ③ $108° = \dfrac{3}{5}\pi$

④ $\dfrac{13}{12}\pi = 195°$ ⑤ $\dfrac{4}{3}\pi = 120°$

02

다음 중 제4사분면의 각은?

① $550°$ ② $\dfrac{9}{4}\pi$ ③ $855°$

④ $-60°$ ⑤ $\dfrac{7}{3}\pi$

03

원점 O와 점 $P(12, -5)$를 지나는 동경 OP가 나타내는 각 θ에 대하여 $\dfrac{\theta}{2}$의 동경이 존재할 수 있는 사분면은?

① 제1, 3사분면   ② 제1, 4사분면

③ 제2, 3사분면   ④ 제2, 4사분면

⑤ 제3, 4사분면

04

각 θ를 나타내는 동경과 각 5θ를 나타내는 동경이 x축에 대하여 대칭일 때, 각 θ의 크기는? $\left(\text{단, } \pi < \theta < \dfrac{3}{2}\pi\right)$

① $\dfrac{11}{10}\pi$ ② $\dfrac{7}{6}\pi$ ③ $\dfrac{6}{5}\pi$

④ $\dfrac{5}{4}\pi$ ⑤ $\dfrac{4}{3}\pi$

05

중심각의 크기가 $45°$이고 호의 길이가 2π인 부채꼴의 넓이는?

① 6π ② 8π ③ 10π

④ 12π ⑤ 14π

06

〈 잘 틀리는 내신 유형 〉

둘레의 길이가 40 cm인 부채꼴의 넓이가 최대일 때의 중심각의 크기 θ의 값은?

① 2 ② 4 ③ 6

④ 8 ⑤ 10

정답과 풀이 p.15

07

직선 $y=-\dfrac{4}{3}x$ 위의 점 $P(a, b)(b>0)$에 대하여 $\overline{OP}$가 x축의 양의 방향과 이루는 각의 크기를 θ라고 할 때, $5\cos\theta+3\tan\theta$의 값은? (단, O는 원점이다.)

① -9 ② -7 ③ -5

④ -3 ⑤ -1

08

$\sin\theta\cos\theta<0$, $\sin\theta\tan\theta>0$을 동시에 만족시키는 각 θ는 제몇 사분면의 각인가?

① 제1사분면   ② 제2사분면

③ 제3사분면   ④ 제4사분면

⑤ 제1, 3사분면

09

잘 나오는 내신 유형

$\pi<\theta<\dfrac{3}{2}\pi$일 때,

$$|\sin\theta|+\sqrt{\cos^2\theta}-\sqrt{(\cos\theta+\sin\theta)^2}$$

을 간단히 하면?

① $1-2\sin\theta$ ② $1-2\cos\theta$ ③ 0

④ $2\sin\theta$ ⑤ $1+2\cos\theta$

10

$\dfrac{\cos^2\theta-\sin^2\theta}{1-2\sin\theta\cos\theta}-\dfrac{1+\tan\theta}{1-\tan\theta}$를 간단히 하면?

① -2 ② -1 ③ 0

④ 1 ⑤ 2

11

잘 나오는 수능 유형

$\sin\theta+\cos\theta=\dfrac{\sqrt{2}}{2}$일 때, $\dfrac{\sin^2\theta}{\cos^2\theta}+\dfrac{\cos^2\theta}{\sin^2\theta}$의 값을 구하여라.

12

이차방정식 $3x^2+x+a=0$의 두 근이 $\sin\theta$, $\cos\theta$일 때, 상수 a의 값은?

① $-\dfrac{3}{8}$ ② $-\dfrac{2}{5}$ ③ $-\dfrac{5}{7}$

④ $-\dfrac{5}{6}$ ⑤ $-\dfrac{4}{3}$

삼각함수의 그래프

1. 삼각함수의 그래프의 성질

	$y=\sin x$	$y=\cos x$	$y=\tan x$
정의역	실수 전체의 집합	실수 전체의 집합	$x \neq n\pi + \dfrac{\pi}{2}\,(n$은 정수$)$ 인 실수 전체의 집합
치역	$\{y \mid -1 \leq y \leq 1\}$	$\{y \mid -1 \leq y \leq 1\}$	실수 전체의 집합
주기	2π	2π	π
대칭성	원점 대칭	y축 대칭	원점 대칭

2. 삼각함수의 성질

(1) $2n\pi+\theta\,(n$은 정수$)$, $-\theta$의 삼각함수

$\sin(2n\pi+\theta)=\sin\theta$, $\cos(2n\pi+\theta)=\cos\theta$, $\tan(2n\pi+\theta)=\tan\theta$

$\sin(-\theta)=-\sin\theta$, $\cos(-\theta)=\cos\theta$, $\tan(-\theta)=-\tan\theta$

(2) $\pi\pm\theta$의 삼각함수

$\sin(\pi\pm\theta)=\mp\sin\theta$, $\cos(\pi\pm\theta)=-\cos\theta$, $\tan(\pi\pm\theta)=\pm\tan\theta$

(복호동순)

(3) $\dfrac{\pi}{2}\pm\theta$의 삼각함수

$\sin\left(\dfrac{\pi}{2}\pm\theta\right)=\cos\theta$, $\cos\left(\dfrac{\pi}{2}\pm\theta\right)=\mp\sin\theta$, $\tan\left(\dfrac{\pi}{2}\pm\theta\right)=\mp\dfrac{1}{\tan\theta}$

(복호동순)

■ 주기함수

함수 $f(x)$의 정의역에 속하는 모든 x에 대하여 $f(x+p)=f(x)$를 만족시키는 0이 아닌 상수 p가 존재할 때, $f(x)$를 주기함수라 하고, 상수 p의 값 중 최소의 양수를 함수 $f(x)$의 주기라고 한다.

■ $\dfrac{n}{2}\pi\pm\theta\,(n$은 정수$)$의 삼각함수의 각의 변환 방법

① n이 짝수이면
   $\sin \rightarrow \sin$, $\cos \rightarrow \cos$,
   $\tan \rightarrow \tan$
   n이 홀수이면 $\sin \rightarrow \cos$,
   $\cos \rightarrow \sin$, $\tan \rightarrow \dfrac{1}{\tan}$

② θ는 예각으로 간주하고 $\dfrac{n}{2}\pi\pm\theta$의 동경이 속한 사분면에서 원래 주어진 삼각함수의 부호를 따른다.

---

01 다음 함수의 주기를 구하여라.

(1) $y=\sin 2x-1$ 　　　(2) $y=2\cos(x+1)$ 　　　(3) $y=\tan 2x+1$

01

$y=a\sin(bx+c)+d$, $y=a\cos(bx+c)+d$의 주기는 $\dfrac{2\pi}{|b|}$, $y=a\tan(bx+c)+d$의 주기는 $\dfrac{\pi}{|b|}$이다.

02 다음 함수의 최댓값, 최솟값을 구하여라.

(1) $y=3\sin(x+\pi)-2$ 　　　　(2) $y=-\cos(2x-\pi)+3$

02

$y=a\sin(bx+c)+d$, $y=a\cos(bx+c)+d$의 최댓값은 $|a|+d$, 최솟값은 $-|a|+d$ 이다.

03 함수 $y=3\tan 2x$의 점근선의 방정식을 구하여라.

03

$y=\tan x$의 그래프의 점근선은 직선 $x=n\pi+\dfrac{\pi}{2}\,(n$은 정수$)$이다.

04 다음 중 함수 $y=2\sin 2x-1$에 대한 설명으로 옳지 <u>않은</u> 것은?

① 주기는 π이다.

② 최댓값은 1이다.

③ 최솟값은 -3이다.

④ 그래프는 원점에 대하여 대칭이다.

⑤ 그래프는 함수 $y=2\sin 2x$의 그래프를 평행이동하면 겹칠 수 있다.

05 함수 $f(x)=a\cos bx+c$의 최댓값이 1, 최솟값이 -3, 주기가 π일 때, 세 상수 a, b, c에 대하여 $a+b+c$의 값은? (단, $a>0$, $b>0$)

① 1   ② 2   ③ 3

④ 4   ⑤ 5

$y=a\cos bx+c$의 최댓값은 $|a|+c$, 최솟값은 $-|a|+c$, 주기는 $\dfrac{2\pi}{|b|}$이다.

06 함수 $y=a\sin bx+c$의 그래프가 오른쪽 그림과 같을 때, 세 상수 a, b, c에 대하여 abc의 값은? (단, $a>0$, $b>0$)

① 2   ② 4

③ 6   ④ 8

⑤ 10

주어진 그래프에서 최댓값, 최솟값, 주기를 구한다.

07 다음 삼각함수의 값을 구하여라.

(1) $\sin 870°$

(2) $\cos \dfrac{4}{3}\pi$

(3) $\cos\left(-\dfrac{7}{3}\pi\right)$

(4) $\tan 480°$

삼각함수의 성질을 이용하여 각의 크기를 예각의 크기로 변형한다.

08 다음 식을 간단히 하여라.

(1) $\cos\left(\dfrac{\pi}{2}+\dfrac{\pi}{6}\right)+\sin\left(\dfrac{\pi}{2}-\dfrac{\pi}{3}\right)+\tan\left(\pi+\dfrac{\pi}{4}\right)$

(2) $\sin\left(\dfrac{\pi}{2}+\theta\right)+\cos(\pi-\theta)+\sin(\pi+\theta)+\cos\left(\dfrac{3}{2}\pi+\theta\right)$

삼각함수의 성질을 이용하여 주어진 식을 간단히 한다.

삼각함수의 그래프의 활용

1. 삼각함수를 포함한 식의 최대, 최소
① 주어진 식을 한 종류의 삼각함수의 식으로 정리한다.
② 삼각함수를 t로 치환한다.
③ t의 값의 범위를 구한다.
④ 그래프를 이용하여 t의 값의 범위에서 최댓값과 최솟값을 구한다.

2. 삼각함수를 포함한 방정식
주어진 방정식을 $\sin x = a$ (또는 $\cos x = a$ 또는 $\tan x = a$)의 꼴로 변형한 후, $y = \sin x$ (또는 $y = \cos x$ 또는 $y = \tan x$)와 직선 $y = a$를 그려 교점의 x좌표를 구한다.

3. 삼각함수를 포함한 부등식
주어진 부등식을 $\sin x > a$ (또는 $\cos x > a$ 또는 $\tan x > a$)의 꼴로 변형하고 $\sin x = a$ (또는 $\cos x = a$ 또는 $\tan x = a$)의 해를 구한 후 부등호의 방향에 따라 부등식의 해를 구한다.

■ 방정식 $f(x) = g(x)$의 실근은 두 함수 $y = f(x)$, $y = g(x)$의 그래프의 교점의 x의 좌표이다.

■ 삼각함수를 포함한 방정식, 부등식에서 두 종류 이상의 삼각함수를 포함한 경우에는 한 종류의 삼각함수로 변형하여 푼다.

---

01 함수 $y = |2\sin x - 1| - 1$의 최댓값을 M, 최솟값을 m이라고 할 때, $M + m$의 값은?

① -3 ② -2 ③ -1
④ 0 ⑤ 1

01
$\sin x = t$로 치환한 후 그래프를 그린다. 이때 $-1 \le t \le 1$임에 유의한다.

02 함수 $y = -\cos^2 x + 4\sin x + 2$의 최댓값을 M, 최솟값을 m이라고 할 때, $M + m$의 값은?

① 1 ② 2 ③ 3
④ 4 ⑤ 5

02
$\cos^2 x = 1 - \sin^2 x$임을 이용하여 주어진 식을 $\sin x$에 대한 식으로 나타낸다.

03 함수 $y = \dfrac{-\cos x + 4}{\cos x + 2}$의 치역이 $\{y \mid \alpha \le y \le \beta\}$일 때, $\beta - \alpha$의 값은?

① 4 ② 2 ③ -2
④ -4 ⑤ -6

03
$\cos x = t$로 치환한 후 그래프를 그린다. 이때 $-1 \le t \le 1$임에 유의한다.

04 $0 \leq x < 2\pi$일 때, 다음 방정식을 풀어라.

 (1) $\sin x = \dfrac{\sqrt{3}}{2}$ (2) $\cos x = -\dfrac{1}{2}$ (3) $\tan x = 1$

04
각 삼각함수의 그래프를 그려 해를 구한다.

05 $0 \leq x < 2\pi$일 때, 방정식 $2\cos\left(x+\dfrac{\pi}{6}\right)=\sqrt{3}$을 만족시키는 모든 x의 값의 합은?

 ① $\dfrac{7}{6}\pi$ ② $\dfrac{4}{3}\pi$ ③ $\dfrac{3}{2}\pi$

 ④ $\dfrac{5}{3}\pi$ ⑤ $\dfrac{11}{6}\pi$

05
$x+\dfrac{\pi}{6}=t$로 치환한 후, t의 값의 범위에서 $y=\cos t$의 그래프를 그려 방정식을 푼다.

06 $0 \leq x \leq 2\pi$일 때, 다음 중 방정식 $2\cos^2 x - \sin x - 1 = 0$의 해가 <u>아닌</u> 것을 모두 고르면? (정답 2개)

 ① $\dfrac{\pi}{6}$ ② $\dfrac{\pi}{3}$ ③ $\dfrac{5}{6}\pi$

 ④ π ⑤ $\dfrac{3}{2}\pi$

06
$\sin^2\theta+\cos^2\theta=1$임을 이용하여 주어진 방정식을 $\sin x$에 대한 이차방정식으로 변형한다.

07 다음 부등식을 풀어라. (단, $0 \leq x < 2\pi$)

 (1) $\sin x > \dfrac{\sqrt{2}}{2}$ (2) $\cos x \leq -\dfrac{\sqrt{3}}{2}$ (3) $\tan x > \sqrt{3}$

07
각 삼각함수의 그래프를 그려 부등식을 만족시키는 x의 값의 범위를 구한다.

08 다음 부등식을 풀어라.

 (1) $\cos\left(x+\dfrac{\pi}{6}\right)<\dfrac{\sqrt{2}}{2}$ (단, $0 \leq x < \pi$)

 (2) $2\cos^2 x + 3\sin x - 3 \geq 0$ (단, $0 \leq x < 2\pi$)

08
(1) $x+\dfrac{\pi}{6}=t$로 치환한 후, t의 값의 범위에서 $y=\cos t$의 그래프를 그려 부등식을 푼다.
(2) $\sin^2 x+\cos^2 x=1$임을 이용하여 주어진 부등식을 $\sin x$에 대한 이차부등식으로 변형한다.

01

다음 함수 중 모든 실수 x에 대하여 $f(x)=f(x+\pi)$를 만족시키는 것은?

① $f(x)=\tan \pi x$ ② $f(x)=\sin 2\pi x$

③ $f(x)=\cos \pi x$ ④ $f(x)=\cos 2x$

⑤ $f(x)=\sin \dfrac{\sqrt{2}}{2}x$

02

함수 $f(x)=2\cos(\pi x+\pi)-1$에 대한 설명으로 옳지 않은 것은?

① 주기는 2이다.

② 최댓값은 1이다.

③ 최솟값은 -3이다.

④ $f(-2)=f(0)$

⑤ 함수 $y=f(x)$의 그래프는 함수 $y=2\cos \pi x$의 그래프를 x축의 방향으로 $-\pi$만큼, y축의 방향으로 -1만큼 평행이동한 것이다.

03

함수 $f(x)=a\sin bx+c$의 최댓값이 3, 최솟값이 1, 주기가 π일 때, 세 상수 a, b, c에 대하여 $a+b+c$의 값은?

(단, $a>0$, $b>0$)

① 1 ② 2 ③ 3

④ 4 ⑤ 5

04

함수 $f(x)=a\tan bx+2$의 주기가 4π이고 $f(\pi)=3$일 때, 두 상수 a, b에 대하여 $a+b$의 값은? (단, $b>0$)

① 1 ② $\dfrac{5}{4}$ ③ $\dfrac{3}{2}$

④ $\dfrac{7}{4}$ ⑤ 2

05

잘 나오는 수능 유형

함수 $f(x)=a\cos \dfrac{x}{2}+b$의 최댓값이 7이고, $f\left(\dfrac{2}{3}\pi\right)=5$일 때, $f(x)$의 최솟값은? (단, $a>0$이고, a, b는 상수이다.)

① -2 ② -1 ③ 0

④ 1 ⑤ 2

06

함수 $y=a\sin(bx-c)$의 그래프가 오른쪽 그림과 같을 때, 세 상수 a, b, c에 대하여 abc의 값은?

(단, $a>0$, $b>0$, $0<c<\pi$)

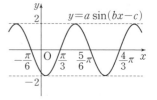

① $\dfrac{8}{3}\pi$ ② 3π ③ $\dfrac{10}{3}\pi$

④ $\dfrac{11}{3}\pi$ ⑤ 4π

07

함수 $y=\tan(ax+b)$의 그래프가 오른쪽 그림과 같을 때, 두 상수 a, b에 대하여 ab의 값을 구하여라.

(단, $a>0$, $-\pi<b<0$)

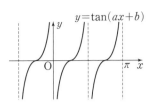

08

함수 $y=a\cos(bx-c)+d$의 그래프가 오른쪽 그림과 같을 때, 네 상수 a, b, c, d에 대하여 $abcd$의 값은?

(단, $a>0$, $b>0$, $0<c<2\pi$)

① 12π ② 14π ③ 16π
④ 18π ⑤ 20π

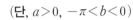

09

다음 중 옳은 것만을 |보기|에서 있는 대로 고른 것은?

|보기|
ㄱ. $\sin^2 10+\sin^2 80°=1$
ㄴ. $\cos^2(\theta-40°)+\cos^2(\theta+50°)=1$
ㄷ. $\tan 20° \tan 110°=1$

① ㄱ   ② ㄱ, ㄴ   ③ ㄱ, ㄷ
④ ㄴ, ㄷ   ⑤ ㄱ, ㄴ, ㄷ

10

$\sin 50° \cos 140°-\cos 50° \sin 140°$의 값은?

① 2   ② 1   ③ 0
④ -1 ⑤ -2

11

$\dfrac{\sin(-\theta)}{\sin(\pi-\theta)\sin^2\left(\dfrac{\pi}{2}-\theta\right)}+\dfrac{\sin\theta\tan^2(\pi-\theta)}{\cos\left(\dfrac{3}{2}\pi+\theta\right)}$를 간단히 하면?

① -1 ② 0   ③ 1
④ $\cos\theta$ ⑤ $\sin\theta$

12

삼각형 ABC에서 $\sin\dfrac{A}{2}=\dfrac{4}{5}$일 때, $\cos\dfrac{B+C}{2}$의 값은?

① $\dfrac{2}{5}$ ② $\dfrac{3}{5}$ ③ $\dfrac{4}{5}$
④ $\dfrac{4}{3}$ ⑤ $\dfrac{5}{3}$

13

잘 틀리는 내신 유형

$\cos^2 1° + \cos^2 2° + \cos^2 3° + \cdots + \cos^2 88° + \cos^2 89°$의 값을 구하여라.

14

함수 $y = a|\cos x + 2| + b$의 최댓값이 5, 최솟값이 3일 때, 두 상수 a, b에 대하여 $a - b$의 값은? (단, $a > 0$)

① 3   ② 2   ③ 1

④ −1   ⑤ −2

15

함수 $y = \sin\left(x + \dfrac{\pi}{2}\right) - \cos^2(x + \pi)$의 최댓값을 M, 최솟값을 m이라고 할 때, Mm의 값은? (단, $-\pi \leq x \leq \pi$)

① $-\dfrac{1}{4}$ ② $-\dfrac{1}{2}$ ③ $-\dfrac{3}{4}$

④ -1 ⑤ $-\dfrac{5}{4}$

16

함수 $y = a\cos^2 x - a\sin x + b$의 최댓값이 8, 최솟값이 −1일 때, 두 상수 a, b에 대하여 $a + b$의 값은? (단, $a > 0$)

① 5   ② 6   ③ 7

④ 8   ⑤ 9

17

함수 $y = \dfrac{3\sin x - 5}{\sin x - 2}$의 최댓값을 M, 최솟값을 m이라고 할 때, Mm의 값을 구하여라.

18

$-\pi \leq x < \pi$일 때, 방정식 $\tan\left(x + \dfrac{\pi}{4}\right) = \sqrt{3}$을 만족시키는 모든 x의 값의 합을 구하여라.

19

잘 나오는 수능 유형

$0 < x < 2\pi$일 때, 방정식 $\cos^2 x - \sin x = 1$의 모든 실근의 합은 $\dfrac{q}{p}\pi$이다. $p+q$의 값을 구하여라.

(단, p와 q는 서로소인 자연수이다.)

20

방정식 $\sin 2x = \dfrac{1}{\pi}x$의 실근의 개수는?

① 1　　　　② 2　　　　③ 3

④ 4　　　　⑤ 5

21

$0 \le x < 2\pi$일 때, 부등식 $2\cos\left(\dfrac{x}{2}-\dfrac{\pi}{6}\right) > 1$의 해는 $a \le x < b$이다. 이때 $b-a$의 값은?

① $\dfrac{\pi}{2}$　　　　② $\dfrac{2}{3}\pi$　　　　③ π

④ $\dfrac{4}{3}\pi$　　　　⑤ $\dfrac{3}{2}\pi$

22

$0 \le x \le 2\pi$일 때, 다음 중 부등식 $\sin^2 x \ge 1 - \cos x$의 해가 <u>아닌</u> 것은?

① $\dfrac{\pi}{4}$　　　　② $\dfrac{\pi}{2}$　　　　③ $\dfrac{3}{4}\pi$

④ $\dfrac{5}{3}\pi$　　　　⑤ $\dfrac{7}{4}\pi$

23

$0 \le \theta < 2\pi$일 때, 부등식 $\cos^2\left(\theta + \dfrac{\pi}{2}\right) - \cos\theta - 1 \ge 0$의 해가 $\alpha \le \theta \le \beta$이다. 이때 $\dfrac{\beta}{\alpha}$의 값은?

① $\dfrac{3}{2}$　　　　② $\dfrac{4}{3}$　　　　③ $\dfrac{5}{4}$

④ 2　　　　⑤ 3

24

모든 실수 x에 대하여 부등식
$x^2 + 2\sqrt{2}x\sin\theta - 3\cos\theta > 0$이 항상 성립하도록 하는 θ의 값의 범위는? (단, $0 \le \theta < 2\pi$)

① $\dfrac{\pi}{3} < \theta < \dfrac{2}{3}\pi$　　　　② $\dfrac{2}{3}\pi < \theta < \dfrac{4}{3}\pi$

③ $\dfrac{4}{3}\pi < \theta < \dfrac{5}{3}\pi$　　　　④ $\dfrac{5}{6}\pi < \theta < \dfrac{7}{6}\pi$

⑤ $\dfrac{7}{6}\pi < \theta < \dfrac{11}{6}\pi$

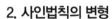
12 사인법칙과 코사인법칙

1. 사인법칙

삼각형 ABC의 외접원의 반지름의 길이를 R라고 하면

$$\frac{a}{\sin A}=\frac{b}{\sin B}=\frac{c}{\sin C}=2R$$

2. 사인법칙의 변형

삼각형 ABC의 외접원의 반지름의 길이를 R라고 하면

① $\sin A=\dfrac{a}{2R}$, $\sin B=\dfrac{b}{2R}$, $\sin C=\dfrac{c}{2R}$

② $a=2R\sin A$, $b=2R\sin B$, $c=2R\sin C$

③ $\sin A:\sin B:\sin C=a:b:c$

3. 코사인법칙

삼각형 ABC에서

① $a^2=b^2+c^2-2bc\cos A$

② $b^2=c^2+a^2-2ca\cos B$

③ $c^2=a^2+b^2-2ab\cos C$

4. 코사인법칙의 변형

삼각형 ABC에서

$$\cos A=\frac{b^2+c^2-a^2}{2bc},\ \cos B=\frac{c^2+a^2-b^2}{2ca},\ \cos C=\frac{a^2+b^2-c^2}{2ab}$$

■ 삼각형의 6요소

삼각형 ABC에서 ∠A, ∠B, ∠C의 크기를 각각 A, B, C로 나타내고, 그 대변의 길이를 각각 a, b, c로 나타낸다.

■ 사인법칙을 이용하는 경우

① 한 변의 길이와 두 각의 크기를 알 때 나머지 변의 길이를 구하는 경우

② 두 변의 길이와 그 끼인각이 아닌 나머지 한 각의 크기를 알 때 나머지 각의 크기를 구하는 경우

■ 코사인법칙을 이용하는 경우

① 두 변의 길이와 그 끼인각의 크기를 알 때 나머지 한 변의 길이를 구하는 경우

② 세 변의 길이를 알 때 각의 크기를 구하는 경우

---

01 삼각형 ABC에서 다음을 구하여라.

⑴ $c=8$, $B=45°$, $C=30°$일 때, b의 값

⑵ $A=60°$, $b=2$, $a=\sqrt{3}$일 때, B의 크기

> **01**
> 사인법칙을 이용한다.

02 삼각형 ABC에서 $A:B:C=1:3:2$일 때, $a:b:c$를 구하여라.

> **02**
> 삼각형 ABC에서
> $a:b:c$
> $=\sin A:\sin B:\sin C$

03 $A=70°$, $B=50°$, $c=2\sqrt{3}$인 삼각형 ABC에 외접하는 원의 넓이는?

① 2π ② 4π ③ 6π

④ 8π ⑤ 10π

> **03**
> 사인법칙을 이용하여 외접원의 반지름의 길이를 구한다.

04 삼각형 ABC에서 $\sin^2 C = \sin^2 A + \sin^2 B$가 성립할 때, 삼각형 ABC는 어떤 삼각형인가?

① $a = b$인 이등변삼각형   ② $b = c$인 이등변삼각형

③ $A = 90°$인 직각삼각형   ④ $B = 90°$인 직각삼각형

⑤ $C = 90°$인 직각삼각형

04
사인법칙의 변형 공식을 이용하여 주어진 식을 a, b, c 사이의 관계식으로 나타낸다.

05 삼각형 ABC에서 다음을 구하여라.

(1) $b = 4$, $c = 5$, $A = 60°$일 때, a의 값

(2) $a = 2$, $b = 3$, $c = 4$일 때, $\cos C$의 값

05
(1) 두 변의 길이와 그 끼인각의 크기가 주어졌으므로 코사인법칙을 이용한다.
(2) 세 변의 길이가 주어졌으므로 코사인법칙의 변형 공식을 이용한다.

06 삼각형 ABC에서 $\dfrac{\sin A}{3} = \dfrac{\sin B}{5} = \dfrac{\sin C}{7}$일 때, $\cos A$의 값은?

① $\dfrac{1}{4}$ ② $\dfrac{1}{3}$ ③ $\dfrac{2}{3}$

④ $\dfrac{6}{7}$ ⑤ $\dfrac{13}{14}$

06
주어진 조건을 이용하여 $a : b : c$를 구한다.

07 삼각형 ABC에서 $a = \sqrt{2}$, $b = \sqrt{6}$, $c = 2\sqrt{2}$일 때, 세 내각 중 가장 작은 각의 크기는?

① $15°$ ② $30°$ ③ $45°$

④ $60°$ ⑤ $75°$

07
길이가 가장 짧은 변의 대각이 크기가 가장 작다. 이때 세 변의 길이가 주어졌으므로 코사인법칙의 변형 공식을 이용한다.

08 삼각형 ABC에서 $a \cos A + b \cos B = c \cos C$가 성립할 때, 다음 중 삼각형 ABC의 모양이 될 수 있는 것을 모두 고르면? (정답 2개)

① 정삼각형   ② $a = b$인 이등변삼각형

③ $b = c$인 이등변삼각형   ④ $A = 90°$인 직각삼각형

⑤ $B = 90°$인 직각삼각형

08
코사인법칙의 변형 공식을 이용하여 주어진 식을 a, b, c 사이의 관계식으로 나타낸다.

1. 삼각형의 넓이

삼각형 ABC의 두 변의 길이와 그 끼인각의 크기를 알 때, 삼각형의 넓이 S는

$$S=\frac{1}{2}ab\sin C=\frac{1}{2}bc\sin A=\frac{1}{2}ca\sin B$$

2. 사각형의 넓이

(1) 평행사변형의 넓이

이웃한 두 변의 길이가 각각 a, b이고 그 끼인각의 크기가 θ인 평행사변형의 넓이 S는

$$S=ab\sin\theta$$

(2) 사각형의 넓이

두 대각선의 길이가 각각 p, q이고 두 대각선이 이루는 각의 크기가 θ인 사각형의 넓이 S는

$$S=\frac{1}{2}pq\sin\theta$$

■ **삼각형의 넓이의 응용**

삼각형 ABC의 넓이 S는

① 외접원의 반지름의 길이 R가 주어진 경우

$$S=\frac{abc}{4R}$$
$$=2R^2\sin A\sin B\sin C$$

② 내접원의 반지름의 길이 r가 주어진 경우

$$S=\frac{1}{2}r(a+b+c)$$

③ 세 변의 길이가 주어진 경우

(헤론의 공식)

$$S=\sqrt{s(s-a)(s-b)(s-c)}$$
$$\left(단,\ s=\frac{a+b+c}{2}\right)$$

---

01 다음과 같은 삼각형 ABC의 넓이 S를 구하여라.

  (1) $b=4$, $c=2$, $A=30°$

  (2) $a=3$, $b=8$, $C=135°$

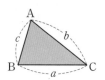

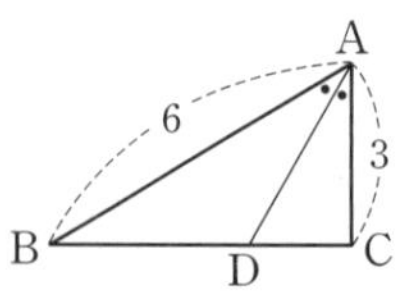

> **01** 삼각형 ABC의 두 변의 길이 a, b와 그 끼인각 C의 크기를 알 때 $\triangle ABC=\frac{1}{2}ab\sin C$

02 오른쪽 그림과 같은 삼각형 ABC의 넓이 S는?

  ① $4\sqrt{5}$ ② $6\sqrt{5}$

  ③ $8\sqrt{5}$ ④ $10\sqrt{5}$

  ⑤ $12\sqrt{5}$

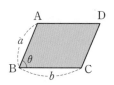

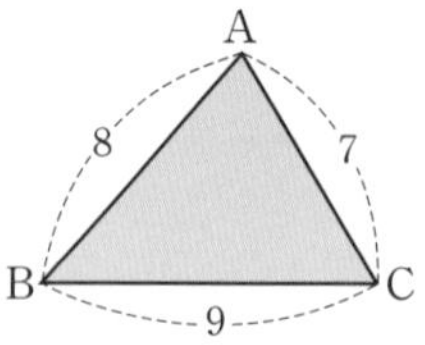

> **02** 세 변의 길이가 주어졌으므로 헤론의 공식을 이용한다.

03 오른쪽 그림과 같은 삼각형 ABC에서 $\overline{AB}=6$, $\overline{AC}=3$, $A=60°$이다. ∠A의 이등분선이 $\overline{BC}$와 만나는 점을 D라고 할 때, 선분 AD의 길이는?

  ① $2\sqrt{2}$ ② $2\sqrt{3}$

  ③ 4 ④ $2\sqrt{5}$

  ⑤ $2\sqrt{6}$

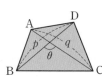

> **03** $\triangle ABC=\triangle ABD+\triangle ADC$임을 이용한다.

04 삼각형 ABC의 넓이가 18, 세 변의 길이의 합이 12일 때, 삼각형 ABC의 내접원의 반지름의 길이는?

① 1   ② $\dfrac{3}{2}$ ③ 2

④ $\dfrac{5}{2}$ ⑤ 3

04

삼각형 ABC의 내접원의 반지름의 길이를 r로 놓고
$\triangle ABC = \dfrac{1}{2}r(a+b+c)$
임을 이용한다.

05 오른쪽 그림과 같은 사각형 ABCD의 넓이를 구하여라.

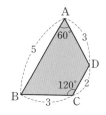

05

대각선 BD를 그은 후
□ABCD＝△ABD＋△BCD
임을 이용한다.

06 오른쪽 그림과 같은 사각형 ABCD의 넓이를 구하여라.

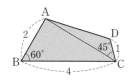

06

삼각형 ABC에서 코사인법칙을 이용하여 선분 AC의 길이를 구한 후,
□ABCD＝△ABC＋△ACD
임을 이용한다.

07 다음 그림과 같은 사각형 ABCD의 넓이 S를 구하여라.

(1) 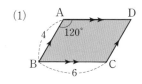   (2)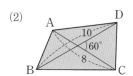

07

(1) 이웃한 두 변의 길이가 각각 a, b이고 그 끼인각의 크기가 θ인 평행사변형의 넓이는 $ab\sin\theta$

(2) 두 대각선의 길이가 각각 p, q이고 두 대각선이 이루는 각의 크기가 θ인 사각형의 넓이는
$\dfrac{1}{2}pq\sin\theta$

08 넓이가 $4\sqrt{3}$인 등변사다리꼴의 두 대각선이 이루는 각의 크기가 $60°$일 때, 대각선의 길이는?

① 4   ① 5   ③ 6

④ 7   ⑤ 8

08

등변사다리꼴은 두 대각선의 길이가 같다.

01

오른쪽 그림과 같이 $\overline{AC}=\sqrt{6}$, $\angle A=75°$, $\angle C=45°$인 삼각형 ABC에서 변 AB의 길이는?

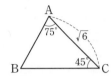

① 1   ② $\sqrt{2}$ ③ $\sqrt{3}$

④ 2   ⑤ $\sqrt{5}$

02

반지름의 길이가 5인 원에 내접하는 삼각형 ABC의 둘레의 길이가 40일 때, $\sin A+\sin B+\sin C$의 값은?

① 3   ② 4   ③ 5

④ 6   ⑤ 7

03

삼각형 ABC의 세 변의 길이 a, b, c에 대하여 $a+b-2c=0$, $a-3b+c=0$일 때, $\sin A : \sin B : \sin C$는?

① 7:5:3   ② 5:7:3   ③ 5:3:4

④ 4:3:5   ⑤ 3:5:4

04

오른쪽 그림과 같이 원에 내접하는 사각형 ABCD에서 $\overline{BC}=4$, $\overline{CD}=6$, $\overline{DA}=4$, $\angle A=120°$일 때, 변 AB의 길이는?

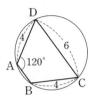

① 2   ② 3   ③ 4

④ 5   ⑤ 6

05

잘 틀리는 내신 유형

오른쪽 그림과 같이 한 변의 길이가 4인 정사각형 ABCD의 변 BC, CD의 중점을 각각 M, N이라 하고 $\angle MAN=\theta$라고 할 때, $5\cos\theta$의 값은?

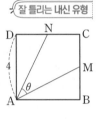

① 2   ② 3   ③ 4

④ 5   ⑤ 6

06

오른쪽 그림과 같이 $\overline{AC}=3$, $\overline{BC}=2$, $\angle C=60°$인 삼각형 ABC의 외접원의 반지름의 길이를 구하여라.

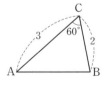

07

삼각형 ABC에서 $\sin A = 2\sin B \cos C$일 때, 삼각형 ABC는 어떤 삼각형인가?

① 정삼각형
② $a = b$인 이등변삼각형
③ $b = c$인 이등변삼각형
④ $A = 90°$인 직각삼각형
⑤ $B = 90°$인 직각삼각형

08

오른쪽 그림과 같이 $\overline{AB} = 2$, $\overline{AC} = \sqrt{10}$, $\angle B = 45°$인 삼각형 ABC의 넓이는?

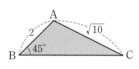

① 3   ② 6   ③ 9
④ 12   ⑤ 15

09

오른쪽 그림과 같이 $\overline{AB} = 5$, $\overline{AC} = 3$, $\angle A = 120°$인 삼각형 ABC의 내접원의 반지름의 길이는?

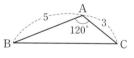

① $\dfrac{\sqrt{2}}{2}$ ② $\dfrac{\sqrt{3}}{2}$ ③ 1
④ $\sqrt{2}$ ⑤ $\sqrt{3}$

10

오른쪽 그림과 같이 원에 내접하는 사각형 ABCD에서 $\overline{AB} = 1$, $\overline{BC} = 4$, $\overline{CD} = 3$, $\overline{DA} = 3$, $\angle C = 60°$일 때, 사각형 ABCD의 넓이를 구하여라.

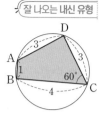

11

오른쪽 그림과 같이 $\overline{AB} = 4$, $\overline{BC} = 6$, $\angle B = 60°$인 등변사다리꼴 ABCD의 넓이는?

① $6\sqrt{2}$ ② $6\sqrt{3}$ ③ $8\sqrt{2}$
④ $8\sqrt{3}$ ⑤ 16

12

오른쪽 그림과 같이 평행사변형 ABCD에서 $\overline{AB} = 2$, $\overline{AD} = 4$, $\angle B = 60°$일 때, 두 대각선 AC, BD가 이루는 예각 θ에 대하여 $\sin \theta$의 값은?

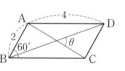

① $\sqrt{5}$ ② $\sqrt{2}$ ③ $\dfrac{\sqrt{3}}{2}$
④ $\dfrac{\sqrt{6}}{3}$ ⑤ $\dfrac{2\sqrt{7}}{7}$

필수 개념 14 등차수열

1. 수열

(1) **수열**: 어떤 일정한 규칙에 따라 차례대로 나열된 수의 열로 a_1, a_2, a_3, $\cdots$, a_n, $\cdots$ 또는 $\{a_n\}$과 같이 나타낸다.

(2) **항**: 수열을 이루는 각각의 수

2. 등차수열

(1) **등차수열**: 어떤 수에서 시작하여 일정한 수를 차례대로 더하여 얻어지는 수열

(2) **공차**: 등차수열에서 더하는 일정한 수

(3) **등차수열의 일반항**: 첫째항이 a, 공차가 d인 등차수열의 일반항 a_n은
$$a_n = a + (n-1)d \ (단, \ n = 1, 2, 3, \cdots)$$

(4) **등차중항**: 세 수 a, b, c가 이 순서대로 등차수열을 이룰 때, b를 a와 c의 등차중항이라고 한다. 이때 $2b = a + c$, 즉 $b = \dfrac{a+c}{2}$가 성립한다.

3. 등차수열의 합

등차수열의 첫째항부터 제n항까지의 합 S_n은

① 첫째항 a와 제n항 l을 알 때 $\Rightarrow S_n = \dfrac{n(a+l)}{2}$

② 첫째항 a와 공차 d를 알 때 $\Rightarrow S_n = \dfrac{n\{2a+(n-1)d\}}{2}$

4. 수열의 합과 일반항 사이의 관계

수열 $\{a_n\}$의 첫째항부터 제n항까지의 합을 S_n이라고 할 때
$$a_1 = S_1, \ a_n = S_n - S_{n-1} \ (단, \ n \geq 2)$$

■ 수열 $\{a_n\}$의 제n항 a_n을 일반항이라고 한다.

■ 수열 $\{a_n\}$이 공차가 d인 등차수열
$\Rightarrow a_2 - a_1$
$= a_3 - a_2$
$= a_4 - a_3 = \cdots$
$= a_{n+1} - a_n$
$= d$ (일정)

■ 수열의 합 S_n과 일반항 a_n 사이의 관계는 모든 수열에서 성립한다.

---

01 다음 수열의 일반항 a_n을 구하여라.

(1) 3, 6, 9, 12, $\cdots$

(2) 9, 99, 999, 9999, $\cdots$

01

주어진 수열의 규칙을 찾고 $n = 1$, 2, 3, $\cdots$과의 대응 관계를 찾는다.

02 다음 등차수열의 일반항 a_n을 구하여라.

(1) 첫째항이 2, 공차가 5

(2) 30, 26, 22, 18, $\cdots$

02

첫째항이 a, 공차가 d인 등차수열의 일반항 a_n은
$a_n = a + (n-1)d$

03 제2항이 9, 제8항이 -3인 등차수열의 일반항 a_n을 구하여라.

03

첫째항을 a, 공차를 d로 놓으면
$a_2 = a + d = 9$, $a_8 = a + 7d = -3$
이다.

04 첫째항이 -21, 공차가 3인 등차수열에서 처음으로 양수가 되는 항은 제몇 항인가?

① 제7항   ② 제8항   ③ 제9항

④ 제10항   ⑤ 제11항

04

일반항 a_n을 구한 후, $a_n > 0$을 만족시키는 자연수 n의 최솟값을 구한다.

05 두 수 9와 21 사이에 3개의 수를 넣어 만든 5개의 수가 등차수열을 이룰 때, 이 세 수의 합은?

① 30   ② 33   ③ 39

④ 42   ⑤ 45

05

두 수 a, b 사이에 n개의 수를 넣어서 만든 등차수열은 첫째항이 a, 제$(n+2)$항이 b이다.

06 다음 세 수가 주어진 순서대로 등차수열을 이룰 때, 실수 x의 값을 구하여라.

(1) $7,\ x,\ 13$ (2) $x-1,\ x^2+2x,\ x+5$

06

세 수 a, b, c가 이 순서대로 등차수열을 이루면

⇨ $2b = a+c$, 즉 $b = \dfrac{a+c}{2}$

07 다음 등차수열의 첫째항부터 제n항까지의 합 S_n을 구하여라.

(1) 첫째항이 -7, 공차가 4   (2) $6,\ 2,\ -2,\ -6,\ \cdots$

07

(2) 먼저 공차를 구한다.

08 첫째항부터 제n항까지의 합 S_n이 다음과 같이 주어진 수열의 일반항 a_n을 구하여라.

(1) $S_n = n^2 + 2n$ (2) $S_n = 2n^2 - 3n$

08

$a_n = S_n - S_{n-1}\,(n \geq 2)$, $a_1 = S_1$임을 이용한다.

15 등비수열

1. 등비수열

(1) **등비수열**: 어떤 수에서 시작하여 일정한 수를 차례대로 곱하여 얻어지는 수열

(2) **공비**: 등비수열에서 곱하는 일정한 수

(3) **등비수열의 일반항**: 첫째항이 a, 공비가 r $(r \neq 0)$인 등비수열의 일반항 a_n은
$a_n = ar^{n-1}$ (단, $n = 1, 2, 3, \cdots$)

(4) **등비중항**: 0이 아닌 세 수 a, b, c가 이 순서대로 등비수열을 이룰 때, b를 a와 c의 등비중항이라고 한다. 이때 $b^2 = ac$가 성립한다.

2. 등비수열의 합

첫째항이 a, 공비가 r $(r \neq 0)$인 등비수열의 첫째항부터 제n항까지의 합 S_n은

① $r \neq 1$일 때, $S_n = \dfrac{a(1-r^n)}{1-r} = \dfrac{a(r^n-1)}{r-1}$

② $r = 1$일 때, $S_n = na$

3. 원리합계

(1) 연이율 r의 복리로 매년 초에 a원씩 n년간 적립할 때, n년 말의 원리합계 S는
$S = a(1+r) + a(1+r)^2 + \cdots + a(1+r)^n = \dfrac{a(1+r)\{(1+r)^n-1\}}{r}$ (원)

(2) 연이율 r의 복리로 매년 말에 a원씩 n년간 적립할 때, n년 말의 원리합계 S는
$S = a + a(1+r) + a(1+r)^2 + \cdots + a(1+r)^{n-1} = \dfrac{a\{(1+r)^n-1\}}{r}$ (원)

■ 수열 $\{a_n\}$이 공비가 r $(r \neq 0)$인 등비수열
$\Rightarrow \dfrac{a_2}{a_1} = \dfrac{a_3}{a_2} = \dfrac{a_4}{a_3} = \cdots$
$= \dfrac{a_{n+1}}{a_n} = r$ (일정)

■ 원금 a원을 연이율 r로 n년 동안 예금했을 때, 원리합계 S는
① 단리법: $S = a(1+nr)$ (원)
② 복리법: $S = a(1+r)^n$ (원)

---

01 다음 등비수열의 일반항 a_n을 구하여라.

(1) 첫째항이 2, 공비가 -2

(2) 6, 3, $\dfrac{3}{2}$, $\dfrac{3}{4}$, $\cdots$

02 제4항이 24, 제6항이 96인 등비수열의 일반항 a_n을 구하여라. (단, 공비는 양수이다.)

03 첫째항이 243, 공비가 $\dfrac{1}{3}$인 등비수열 $\{a_n\}$에 대하여 다음 물음에 답하여라.

(1) 제5항을 구하여라.

(2) $\dfrac{1}{243}$은 제몇 항인지 구하여라.

01

첫째항이 a, 공비가 r인 등비수열의 일반항 a_n은
$a_n = ar^{n-1}$

02

첫째항을 a, 공비를 r로 놓으면
$a_4 = ar^3 = 24$, $a_6 = ar^5 = 96$이다.

03

먼저 첫째항과 공비를 이용하여 일반항 a_n을 구한다.

04 등비수열 1, 2, 4, 8, …에서 처음으로 1000보다 크게 되는 항은 제몇 항인가?

① 제11항   ② 제12항   ③ 제13항

④ 제14항   ⑤ 제15항

정답과 풀이 p.28

04◁

일반항 a_n을 구한 후, $a_n > 1000$을 만족시키는 자연수 n의 최솟값을 구한다.

05 2와 32 사이에 3개의 양수를 넣어 만든 5개의 수가 등비수열을 이룰 때, 이 세 수의 합은?

① 24   ② 28   ③ 32

④ 36   ⑤ 40

05◁

두 수 a, b 사이에 n개의 수를 넣어서 만든 등비수열은 첫째항이 a, 제$(n+2)$항이 b이다.

06 세 수 $\dfrac{4}{5}$, a, 5가 이 순서대로 등비수열을 이룰 때, 양수 a의 값은?

① 2   ② 3   ③ 4

④ 5   ⑤ 6

06◁

세 수 a, b, c가 이 순서대로 등비수열을 이루면 ⇨ $b^2 = ac$

07 다음 등비수열의 첫째항부터 제n항까지의 합 S_n을 구하여라.

(1) 첫째항이 1, 공비가 $\dfrac{1}{2}$ (2) 1, 3, 9, 27, …

07◁

첫째항이 a, 공비가 r인 등비수열의 합 S_n은

$r < 1$일 때 $S_n = \dfrac{a(1-r^n)}{1-r}$

$r > 1$일 때 $S_n = \dfrac{a(r^n-1)}{r-1}$

08 연이율 5%의 복리로 매년 초에 10만 원씩 적립한다고 할 때, 10년 후의 원리합계를 구하여라. (단, $1.05^{10} = 1.6$으로 계산한다.)

08◁

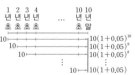

01

등차수열 $\{a_n\}$에 대하여 $a_6=-7$, $a_{13}=-28$일 때, a_{11}의 값은?

① -20 ② -22 ③ -24

④ -26 ⑤ -28

02

잘 나오는 수능 유형

등차수열 $\{a_n\}$에 대하여
$$a_8=a_2+12, \quad a_1+a_2+a_3=15$$
일 때, a_{10}의 값은?

① 17 ② 19 ③ 21

④ 23 ⑤ 25

03

등차수열 $\{a_n\}$에서 $a_3=35$, $a_7=71$일 때, 188은 제몇 항인가?

① 제17항   ② 제18항   ③제19항

④ 제20항   ⑤ 제21항

04

두 수 4와 36 사이에 n개의 수를 넣어서 공차가 2인 등차수열을 만들려고 한다. 이때 n의 값은?

① 11 ② 12 ③ 13

④ 14 ⑤ 15

05

삼차방정식 $x^3-6x^2+3x-k=0$의 세 근이 등차수열을 이룰 때, 상수 k의 값은?

① -2 ② -4 ③ -6

④ -8 ⑤ -10

06

잘 틀리는 내신 유형

등차수열 -40, -37, -34, $\cdots$에서 처음으로 양수가 나오는 항은 제몇 항인가?

① 제11항   ② 제12항   ③제13항

④ 제14항   ⑤ 제15항

07

두 자연수 a, b에 대하여 4, a, b와 a^2, 50, b^2이 각각 이 순서대로 등차수열을 이룰 때, ab의 값은?

① 44 　　　② 48 　　　③ 52

④ 56 　　　⑤ 60

08

등차수열 16, 13, 10, $\cdots$, 1의 합은?

① 51 　　　② 49 　　　③ 47

④ 45 　　　⑤ 43

09

첫째항이 5, 첫째항부터 제10항까지의 합이 275인 등차수열의 공차는?

① 5 　　　② 6 　　　③ 7

④ 8 　　　⑤ 9

10

첫째항이 31, 공차가 -2인 등차수열은 첫째항부터 제몇 항까지의 합이 최대가 되는가?

① 제12항 　　　② 제13항 　　　③제14항

④ 제15항 　　　⑤ 제16항

11

200 이하의 자연수 중에서 5로 나누었을 때의 나머지가 3인 수의 총합은?

① 3980 　　　② 4000 　　　③ 4020

④ 4040 　　　⑤ 4060

12

수열 $\{a_n\}$에 대하여 첫째항부터 제n항까지의 합 S_n이 $S_n = n^2 + 3n + 1$일 때, $a_1 + a_6$의 값은?

① 17 　　　② 18 　　　③ 19

④ 20 　　　⑤ 21

13

공비가 실수인 등비수열 $\{a_n\}$에 대하여 $a_1=3$, $a_6=96$일 때, a_4의 값은?

① 30   ② 28   ③ 26

④ 24   ⑤ 22

14

모든 항이 양수인 등비수열 $\{a_n\}$에 대하여 $a_1=1$, $a_2+a_3=6$일 때, a_7의 값은?

① 8   ② 16   ③ 32

④ 64   ⑤ 128

15

등비수열 $4, 2, 1, \dfrac{1}{2}, \cdots$에서 처음으로 $\dfrac{1}{1000}$보다 작아지는 항은 제몇 항인가?

① 제12항   ② 제13항   ③ 제14항

④ 제15항   ⑤ 제16항

16

등비수열 $36, x_1, x_2, x_3, \cdots, x_n, \dfrac{4}{243}$의 공비가 $\dfrac{1}{3}$일 때, n의 값은?

① 6   ② 7   ③ 8

④ 9   ⑤ 10

17

삼차방정식 $x^3-3x^2+9x-k=0$의 세 근이 등비수열을 이룰 때, 상수 k의 값은?

① -27 ② -9 ③ 0

④ 9   ⑤ 27

18

잘 나오는 수능 유형

세 수 $a, a+b, 2a-b$는 이 순서대로 등차수열을 이루고, 세 수 $1, a-1, 3b+1$은 이 순서대로 공비가 양수인 등비수열을 이룬다. 이때 a^2+b^2의 값을 구하여라.

19

등비수열 $16, 8, 4, 2, \cdots, \dfrac{1}{8}$ 의 합을 구하여라.

22

첫째항부터 제4항까지의 합이 5, 첫째항부터 제8항까지의 합이 25인 등비수열의 첫째항부터 제12항까지의 합은?

① 85   ② 90   ③ 95

④ 100   ⑤ 105

20   잘 나오는 내신 유형

공비가 양수인 등비수열 $\{a_n\}$ 에 대하여 $a_2+a_4=10$, $a_4+a_6=40$ 일 때, 첫째항부터 제10항까지의 합은?

① 511   ② 512   ③ 1023

④ 1024   ⑤ 2047

23

수열 $\{a_n\}$ 의 첫째항부터 제n항까지의 합 S_n 이 $S_n=2\times 3^n+k$ 일 때, 수열 $\{a_n\}$ 이 첫째항부터 등비수열을 이루도록 하는 상수 k의 값은?

① -1 ② -2 ③ -3

④ -4 ⑤ -5

21

등비수열 $\{a_n\}$ 에 대하여 $a_3=12$, $a_6=96$ 이다. 첫째항부터 제n항까지의 합이 1533일 때, n의 값은?

(단, 공비는 실수이다.)

① 6   ② 7   ③ 8

④ 9   ⑤ 10

24   잘 틀리는 내신 유형

100만 원짜리 휴대 전화를 구입하는 데 이달 초에 계약금으로 5만 원을 지불하고, 나머지 금액을 24개월 할부로 매월 말에 일정한 금액 a원을 납부하기로 하였다. 이때 a의 값을 구하여라. (단, $1.01^{24}=1.3$, 월이율 1%, 1개월마다의 복리로 계산하고 일의 자리에서 버림한다.)

필수 개념 **16** 합의 기호 $\sum$

1. 합의 기호 $\sum$

수열 $\{a_n\}$의 첫째항부터 제n항까지의 합 S_n을 합의 기호 $\sum$를 사용하여 다음과 같이 나타낸다.

$$S_n = a_1 + a_2 + a_3 + \cdots + a_n = \sum_{k=1}^{n} a_k$$

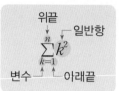

위끝 · 일반항 · 변수 · 아래끝

2. $\sum$의 기본 성질

(1) $\displaystyle\sum_{k=1}^{n}(a_k \pm b_k) = \sum_{k=1}^{n} a_k \pm \sum_{k=1}^{n} b_k$ (복호동순)

(2) $\displaystyle\sum_{k=1}^{n} ca_k = c\sum_{k=1}^{n} a_k$ (단, c는 상수이다.)

(3) $\displaystyle\sum_{k=1}^{n} c = cn$ (단, c는 상수이다.)

3. 자연수의 거듭제곱의 합

① $\displaystyle\sum_{k=1}^{n} k = 1 + 2 + 3 + \cdots + n = \frac{n(n+1)}{2}$

② $\displaystyle\sum_{k=1}^{n} k^2 = 1^2 + 2^2 + 3^2 + \cdots + n^2 = \frac{n(n+1)(2n+1)}{6}$

③ $\displaystyle\sum_{k=1}^{n} k^3 = 1^3 + 2^3 + 3^3 + \cdots + n^3 = \left\{\frac{n(n+1)}{2}\right\}^2$

■ k 대신 j 또는 m 등의 문자를 사용하여 나타내도 된다. 즉,

$$\sum_{k=1}^{n} a_k = \sum_{j=1}^{n} a_j = \sum_{m=1}^{n} a_m$$

■ 다음과 같이 착각하지 않도록 주의한다.

① $\displaystyle\sum_{k=1}^{n} a_k b_k \neq \sum_{k=1}^{n} a_k \sum_{k=1}^{n} b_k$

② $\displaystyle\sum_{k=1}^{n}(a_k)^2 \neq \left(\sum_{k=1}^{n} a_k\right)^2$

③ $\displaystyle\sum_{k=1}^{n} ka_k \neq k\sum_{k=1}^{n} a_k$

---

01 다음을 기호 $\sum$를 사용하지 않은 합의 꼴로 나타내어라.

(1) $\displaystyle\sum_{k=1}^{10}(2k-1)$ (2) $\displaystyle\sum_{k=1}^{10} k^2$

> 01
>
> k 대신 1, 2, 3, $\cdots$, 10을 차례대로 대입한다.

02 다음 수열의 합을 기호 $\sum$를 사용하여 나타내어라.

(1) $3 + 6 + 9 + \cdots + 30$ (2) $\dfrac{1}{2} + \dfrac{1}{4} + \dfrac{1}{8} + \cdots + \dfrac{1}{128}$

> 02
>
> 수열의 제k항 a_k를 구하여 $\sum$를 사용하여 나타낸다.

03 $\displaystyle\sum_{k=1}^{20} a_k = 10$, $\displaystyle\sum_{k=1}^{20} b_k = 20$일 때, $\displaystyle\sum_{k=1}^{20}(2a_k + 3b_k - 2)$의 값은?

① 30   ② 40   ③ 50

④ 60   ⑤ 70

> 03
>
> $\sum$의 기본 성질을 이용한다.

04 $\displaystyle\sum_{k=1}^{10}(k^2+3)-\sum_{k=1}^{10}(k^2+1)$의 값은?

① 10   ② 15   ③ 20

④ 25   ⑤ 30

04
$\sum$의 기본 성질을 이용하여 $\displaystyle\sum_{k=1}^{10}(\quad)$의 꼴로 나타낸다.

05 다음 식의 값을 구하여라.

(1) $\displaystyle\sum_{k=1}^{10}(2k+1)^2$ (2) $2^2+5^2+8^2+\cdots+26^2$

05
(1) $(2k+1)^2$을 전개한 후, 자연수의 거듭제곱의 합의 공식을 이용한다.
(2) 제k항 a_k를 구한 후, 자연수의 거듭제곱의 합의 공식을 이용한다.

06 $\displaystyle\sum_{k=1}^{5}(3^k+2k)$의 값은?

① 294   ② 297   ③ 390

④ 393   ⑤ 396

06
$\displaystyle\sum_{k=1}^{n}a_k$에서 a_k가 지수에 대한 식이면 등비수열의 합의 공식을 이용한다.

07 수열 $1\times2,\ 2\times3,\ 3\times4,\ \cdots$의 첫째항부터 제10항까지의 합은?

① 440   ② 460   ③ 480

④ 500   ⑤ 520

07
주어진 수열의 제k항 a_k를 구한 후, 자연수의 거듭제곱의 합의 공식을 이용한다.

08 $\displaystyle\sum_{n=1}^{5}\left(\sum_{m=1}^{n}mn\right)$의 값은?

① 120   ② 125   ③ 130

④ 135   ⑤ 140

08
괄호 안쪽에 있는 $\sum$부터 계산한다. 이때 $\displaystyle\sum_{m=1}^{n}mn$에서 n은 상수로 생각한다.

17 여러 가지 수열의 합

1. 분수의 꼴로 주어진 수열의 합

(1) $\displaystyle\sum_{k=1}^{n} \frac{1}{k(k+1)} = \sum_{k=1}^{n} \left(\frac{1}{k} - \frac{1}{k+1} \right)$

(2) $\displaystyle\sum_{k=1}^{n} \frac{1}{k(k+a)} = \frac{1}{a} \sum_{k=1}^{n} \left(\frac{1}{k} - \frac{1}{k+a} \right)$ (단, $a \neq 0$)

(3) $\displaystyle\sum_{k=1}^{n} \frac{1}{(k+a)(k+b)} = \frac{1}{b-a} \sum_{k=1}^{n} \left(\frac{1}{k+a} - \frac{1}{k+b} \right)$ (단, $a \neq b$)

2. 분모에 근호가 있는 수열의 합

$\displaystyle\sum_{k=1}^{n} \frac{1}{\sqrt{k+1}+\sqrt{k}} = \sum_{k=1}^{n} \left(\sqrt{k+1} - \sqrt{k} \right)$

3. (등차수열)×(등비수열)의 꼴로 이루어진 수열

각 항이 (등차수열)×(등비수열)의 꼴로 이루어진 수열의 합은 다음과 같은 방법으로 구한다.

① 주어진 수열의 합 S에 등비수열의 공비 r를 곱한다.

② $S-rS$를 구하고, 이 식으로부터 S의 값을 구한다.

> ▪ 분모가 다항식의 곱으로 되어 있는 수열의 합은 부분분수로 변형한다.
> $$\Rightarrow \frac{1}{AB} = \frac{1}{B-A} \left(\frac{1}{A} - \frac{1}{B} \right)$$
> (단, $A \neq B$)
>
> ▪ 분모에 근호가 있는 수열의 합은 먼저 분모를 유리화한다.
>
> ▪ 군수열
> 수열의 항을 몇 개씩 묶어서 규칙성을 가진 군으로 나눈 수열
> ① 수열의 각 항이 가지는 규칙을 파악하여 군으로 묶는다.
> ② 각 군의 항의 개수 및 첫째 항이 가지는 규칙을 찾는다.
> ③ 제n군 안에서 규칙을 찾아 제n군의 일반항을 구한다.

---

01 $\displaystyle\sum_{k=1}^{8} \frac{1}{(k+1)(k+2)}$의 값은?

① $\dfrac{1}{6}$　　　　② $\dfrac{5}{18}$　　　　③ $\dfrac{1}{3}$

④ $\dfrac{7}{18}$　　　　⑤ $\dfrac{2}{5}$

> 01◀
> 제k항 a_k를 부분분수로 변형한다.
> $$\Rightarrow \frac{1}{(k+a)(k+b)}$$
> $$= \frac{1}{b-a} \left(\frac{1}{k+a} - \frac{1}{k+b} \right)$$

02 $\displaystyle\sum_{k=1}^{n} \frac{4}{k(k+1)} = \frac{26}{7}$일 때, 자연수 n의 값은?

① 11　　　　② 12　　　　③ 13
④ 14　　　　⑤ 15

> 02◀
> 제k항 a_k를 부분분수로 변형한다.
> $$\Rightarrow \frac{1}{k(k+1)} = \frac{1}{k} - \frac{1}{k+1}$$

03 수열 $\dfrac{1}{3^2-1}$, $\dfrac{1}{5^2-1}$, $\dfrac{1}{7^2-1}$, $\cdots$의 첫째항부터 제20항까지의 합을 구하여라.

> 03◀
> 제k항 a_k를 구한 후, $\displaystyle\sum_{k=1}^{20} a_k$의 값을 구한다.

04 $\displaystyle\sum_{k=1}^{24} \frac{2}{\sqrt{k-1}+\sqrt{k+1}}=p+q\sqrt{6}$일 때, $p+q$의 값은? (단, p, q는 유리수이다.)

① 4   ② 6   ③ 8

④ 10   ⑤ 12

04

먼저 분모를 유리화한다.

05 수열 $\dfrac{1}{\sqrt{2}+1}$, $\dfrac{1}{\sqrt{3}+\sqrt{2}}$, $\dfrac{1}{2+\sqrt{3}}$, $\cdots$의 첫째항부터 제24항까지의 합은?

① $\sqrt{6}-1$ ② 2   ③ $2\sqrt{6}-1$

④ 4   ⑤ $2\sqrt{6}+1$

05

제k항 a_k를 구하여 분모를 유리화한 후, $\displaystyle\sum_{k=1}^{24} a_k$의 값을 구한다.

06 $\displaystyle\sum_{k=1}^{n} a_k=n^2+2n$일 때, $\displaystyle\sum_{k=1}^{10} \frac{1}{a_k a_{k+1}}=\frac{q}{p}$이다. 이때 $p+q$의 값은?

(단, p와 q는 서로소인 자연수이다.)

① 79   ② 82   ③ 85

④ 88   ⑤ 91

06

$S_n=\displaystyle\sum_{k=1}^{n} a_k$로 놓고 $a_1=S_1$, $a_n=S_n-S_{n-1}\,(n\geq 2)$임을 이용하여 a_n을 구한다.

07 $1\times 1+2\times 2+3\times 2^2+\cdots +8\times 2^7=a\times 2^b+c$일 때, $a+b+c$의 값은?

(단, a, b, c는 10 이하의 자연수이다.)

① 16   ② 17   ③ 18

④ 19   ⑤ 20

07

주어진 식의 좌변을 S로 놓고 $S-2S$를 계산한다.

08 수열 $1, 1, 2, 1, 2, 3, 1, 2, 3, 4, \cdots$의 제100항은?

① 1   ② 3   ③ 5

④ 7   ⑤ 9

08

주어진 수열을 다음과 같이 군으로 묶는다.
(1), $(1, 2)$, $(1, 2, 3)$, $(1, 2, 3, 4)$, $\cdots$

1. 수열의 귀납적 정의

수열 $\{a_n\}$을 첫째항 a_1의 값과 이웃하는 두 항 a_n, a_{n+1} $(n=1, 2, 3, \cdots)$ 사이의 관계식으로 정의하는 것

2. 등차수열과 등비수열의 귀납적 정의

(1) **등차수열**: $a_1=a$, $a_{n+1}=a_n+d$ (단, $n=1, 2, 3, \cdots$)

(2) **등비수열**: $a_1=a$, $a_{n+1}=ra_n$ (단, $n=1, 2, 3, \cdots$)

3. 여러 가지 수열의 귀납적 정의

(1) $a_{n+1}=a_n+f(n)$의 꼴

n 대신 $1, 2, 3, \cdots, n-1$을 차례대로 대입하여 변끼리 더한다.

(2) $a_{n+1}=a_n \times f(n)$의 꼴

n 대신 $1, 2, 3, \cdots, n-1$을 차례대로 대입하여 변끼리 곱한다.

4. 수학적 귀납법

명제 $p(n)$이 모든 자연수 n에 대하여 성립함을 증명하려면 다음 두 가지를 증명하면 된다.

(ⅰ) $n=1$일 때, 명제 $p(n)$이 성립한다.

(ⅱ) $n=k$일 때, 명제 $p(n)$이 성립한다고 가정하면 $n=k+1$일 때에도 명제 $p(n)$이 성립한다.

이와 같은 방법으로 모든 자연수 n에 대하여 명제 $p(n)$이 성립함을 증명하는 것을 수학적 귀납법이라고 한다.

> ■ 등차수열을 나타내는 관계식
>
> ① $a_{n+1}-a_n=d$ (일정)
>
> ② $a_{n+2}-a_{n+1}=a_{n+1}-a_n$
>
> ③ $2a_{n+1}=a_n+a_{n+2}$
>
> ■ 등비수열을 나타내는 관계식
>
> ① $a_{n+1} \div a_n=r$ (일정)
>
> ② $\dfrac{a_{n+2}}{a_{n+1}}=\dfrac{a_{n+1}}{a_n}$
>
> ③ $(a_{n+1})^2=a_n a_{n+2}$

---

01 모든 자연수 n에 대하여 다음과 같이 정의된 수열 $\{a_n\}$의 제5항을 구하여라.

(1) $a_1=2$, $a_{n+1}=2a_n$

(2) $a_1=2$, $a_{n+1}=\dfrac{n}{n+1}a_n$

> **01**
>
> n 대신 $1, 2, 3, 4$를 차례대로 대입한다.

02 수열 $\{a_n\}$을 $a_1=1$, $a_{n+1}=a_n+2$ $(n=1, 2, 3, \cdots)$로 정의할 때, a_{10}의 값은?

① 17　　　　② 19　　　　③ 21

④ 23　　　　⑤ 25

> **02**
>
> $a_{n+1}-a_n=$(일정)$(n=1, 2, 3, \cdots)$의 꼴이면 수열 $\{a_n\}$은 등차수열을 이룬다.

03 수열 $\{a_n\}$을 $a_1=2$, $a_2=4$, $(a_{n+1})^2=a_n a_{n+2}$ $(n=1, 2, 3, \cdots)$로 정의할 때, a_{10}의 값은?

① 64   ② 128   ③ 256

④ 512   ⑤ 1024

03

$(a_{n+1})^2=a_n a_{n+2}$ $(n=1, 2, 3, \cdots)$ 의 꼴이면 수열 $\{a_n\}$은 등비수열을 이룬다.

04 수열 $\{a_n\}$을 $a_1=1$, $a_{n+1}=a_n+2n$ $(n=1, 2, 3, \cdots)$으로 정의할 때, a_8의 값을 구하여라.

04

주어진 등식의 n 대신 $1, 2, 3, \cdots$, $n-1$을 차례대로 대입하여 변끼리 더한다.

05 수열 $\{a_n\}$을 $a_1=1$, $a_{n+1}=3^n a_n$ $(n=1, 2, 3, \cdots)$으로 정의할 때, a_{10}의 값은?

① 3^{35} ② 3^{40} ③ 3^{45}

④ 3^{50} ⑤ 3^{55}

05

주어진 등식의 n 대신 $1, 2, 3, \cdots$, $n-1$을 차례대로 대입하여 변끼리 곱한다.

06 다음은 모든 자연수 n에 대하여 등식

$$1^2+2^2+3^2+\cdots+n^2=\frac{n(n+1)(2n+1)}{6} \qquad \cdots\cdots \text{㉠}$$

이 성립함을 수학적 귀납법으로 증명한 것이다.

| 증명 |

(i) $n=1$일 때, (좌변)$=1^2=1$, (우변)$=\dfrac{1\times(1+1)(2\times 1+1)}{6}=1$

따라서 $n=1$일 때 ㉠이 성립한다.

(ii) $n=k$일 때, ㉠이 성립한다고 가정하면

$$1^2+2^2+3^2+\cdots+k^2=\frac{k(k+1)(2k+1)}{6} \qquad \cdots\cdots \text{㉡}$$

㉡의 양변에 ⎡㈎⎤을 더하면

$$1^2+2^2+3^2+\cdots+k^2+\boxed{㈎}=\frac{(k+1)(k+2)\boxed{㈏}}{6}$$

따라서 $n=k+1$일 때에도 ㉠이 성립한다.

(i), (ii)에 의하여 ㉠은 모든 자연수 n에 대하여 성립한다.

위의 ㈎, ㈏에 알맞은 식을 각각 $f(k)$, $g(k)$라고 할 때, $f(1)+g(1)$의 값을 구하여라.

06

$n=1$일 때 ㉠이 성립함을 보이고, $n=k$일 때 ㉠이 성립한다고 가정하여 $n=k+1$일 때 ㉠이 성립함을 보인다.

01

다음 중 옳은 것만을 |보기|에서 있는 대로 고른 것은?

|보기|

ㄱ. $\sum_{k=1}^{10} k^2 = \sum_{k=0}^{10} k^2$

ㄴ. $\sum_{k=1}^{10} 2^k = \sum_{k=0}^{10} 2^k$

ㄷ. $\sum_{i=1}^{20} a_i - \sum_{j=1}^{10} a_j = \sum_{k=11}^{20} a_k$

ㄹ. $\sum_{k=1}^{10} a_{2k-1} + \sum_{k=1}^{10} a_{2k} = \sum_{k=1}^{20} a_k$

① ㄱ
② ㄱ, ㄴ
③ ㄱ, ㄷ
④ ㄱ, ㄷ, ㄹ
⑤ ㄴ, ㄷ, ㄹ

02

수열 $\{a_n\}$이 $\sum_{k=1}^{6} a_k = \sum_{k=1}^{5} (a_k - 1)$을 만족시킬 때, a_6의 값은?

① -5
② -4
③ -3
④ -2
⑤ -1

03

첫째항이 1이고 공비가 2인 등비수열 $\{a_n\}$에 대하여 $\sum_{k=1}^{5} a_k$의 값은?

① 27
② 29
③ 31
④ 33
⑤ 35

04

잘 나오는 내신 유형

$\sum_{k=1}^{n} (a_k + b_k)^2 = 40$, $\sum_{k=1}^{n} (a_k^2 + b_k^2) = 30$일 때, $\sum_{k=1}^{n} a_k b_k$의 값은?

① 4
② 5
③ 6
④ 7
⑤ 8

05

수열 1, $1+2$, $1+2+2^2$, $\cdots$, $1+2+2^2+2^3+\cdots+2^{10}$의 합은?

① $2^9 - 12$
② $2^{10} - 10$
③ $2^{10} - 12$
④ $2^{11} - 10$
⑤ $2^{12} - 13$

06

잘 나오는 수능 유형

등차수열 $\{a_n\}$이 $a_2 = -2$, $a_5 = 7$일 때, $\sum_{k=1}^{10} a_{2k}$의 값을 구하여라.

07

$$\frac{1}{1 \times 2} + \frac{1}{2 \times 3} + \frac{1}{3 \times 4} + \cdots + \frac{1}{n(n+1)} = \frac{49}{50}$$

일 때, 자연수 n의 값은?

① 49   ② 50   ③ 51

④ 52   ⑤ 53

08

$$1 + \frac{1}{1+2} + \frac{1}{1+2+3} + \cdots + \frac{1}{1+2+3+\cdots+50}$$

의 값은?

① $\frac{98}{51}$ ② $\frac{100}{51}$ ③ 2

④ $\frac{104}{51}$ ⑤ $\frac{106}{51}$

09

이차방정식 $x^2 - 2x + n(n+2) = 0$의 서로 다른 두 실근을 α_n, β_n이라고 할 때, $\sum\limits_{n=1}^{20}\left(\dfrac{1}{\alpha_n} + \dfrac{1}{\beta_n}\right)$의 값은?

① $\frac{201}{154}$ ② $\frac{203}{154}$ ③ $\frac{205}{154}$

④ $\frac{320}{231}$ ⑤ $\frac{325}{231}$

10

$\sum\limits_{k=1}^{17} \dfrac{1}{\sqrt{2k}+\sqrt{2k+2}} = a + b\sqrt{2}$일 때, $a+b$의 값은?

(단, a, b는 유리수이다.)

① 2   ② $\frac{5}{2}$ ③ 3

④ $\frac{7}{2}$ ⑤ 3

11

$\sum\limits_{k=2}^{100} \log\left(1 - \dfrac{1}{k}\right)$의 값은?

① -2 ② $-\log 99$ ③ -1

④ $\log 99$ ⑤ 2

12

수열 $\{a_n\}$에서 $\sum\limits_{k=1}^{n} a_k = \dfrac{n}{n+1}$일 때, $\sum\limits_{k=1}^{8} \dfrac{1}{a_k}$의 값은?

① 220   ② 230   ③ 240

④ 250   ⑤ 260

13

$\dfrac{1}{2}+\dfrac{2}{2^2}+\dfrac{3}{2^3}+\cdots+\dfrac{10}{2^{10}}$의 값은?

① $\dfrac{507}{256}$　　　　② $\dfrac{509}{256}$　　　　③ $\dfrac{511}{256}$

④ $\dfrac{513}{256}$　　　　⑤ $\dfrac{515}{256}$

14

잘 나오는 내신 유형

수열 $\{a_n\}$을 $a_1=2$, $a_{n+1}=a_n+3$ $(n=1, 2, 3, \cdots)$으로 정의할 때, $a_k=32$를 만족시키는 자연수 k의 값은?

① 10　　　　② 11　　　　③ 12

④ 13　　　　⑤ 14

15

$a_1=-1$, $a_{n+1}=a_n+\dfrac{1}{n(n+1)}$ $(n=1, 2, 3, \cdots)$로 정의되는 수열 $\{a_n\}$에 대하여 a_{100}의 값은?

① $\dfrac{11}{100}$　　　　② $\dfrac{1}{10}$　　　　③ $\dfrac{1}{100}$

④ $-\dfrac{1}{100}$　　　　⑤ $-\dfrac{11}{100}$

16

잘 틀리는 수능 유형

수열 $\{a_n\}$에서 $a_1=2$이고, 모든 자연수 n에 대하여
$$a_{n+1}=2(a_n+2)$$
를 만족시킬 때, a_5의 값을 구하여라.

17

다음은 $h>0$일 때, $n\geq2$인 모든 자연수 n에 대하여 부등식
$$(1+h)^n>1+nh$$
가 성립함을 수학적 귀납법으로 증명한 것이다.

| 증명 |

(i) $n=2$일 때, $(1+h)^2>$ ┌ (가) ┐ 이므로 주어진 부등식이 성립한다.

(ii) $n=k$ $(k\geq2)$일 때, 주어진 부등식이 성립한다고 가정하면
$$(1+h)^k>1+kh$$
위의 식의 양변에 ┌ (나) ┐ 를 곱하면
$$(1+h)^{k+1}>(1+kh)(\ ┌ (나) ┐ \ )$$
우변을 전개하여 정리하면 $kh^2>0$이므로
$$1+(k+1)h+kh^2>1+(k+1)h$$
$$\therefore (1+h)^{k+1}>1+(k+1)h$$
따라서 $n=k+1$일 때에도 주어진 부등식이 성립한다.

(i), (ii)에 의하여 $n\geq2$인 모든 자연수 n에 대하여 주어진 부등식이 성립한다.

위의 (가), (나)에 알맞은 식을 각각 $f(h)$, $g(h)$라고 할 때, $f(1)g(1)$의 값은?

① 6　　　　② 8　　　　③ 10

④ 12　　　　⑤ 14

고등 풍산자와 함께하면
개념부터 ~ 고난도 문제까지!
어떤 시험 문제도 익숙해집니다!

고등 풍산자 1등급 로드맵

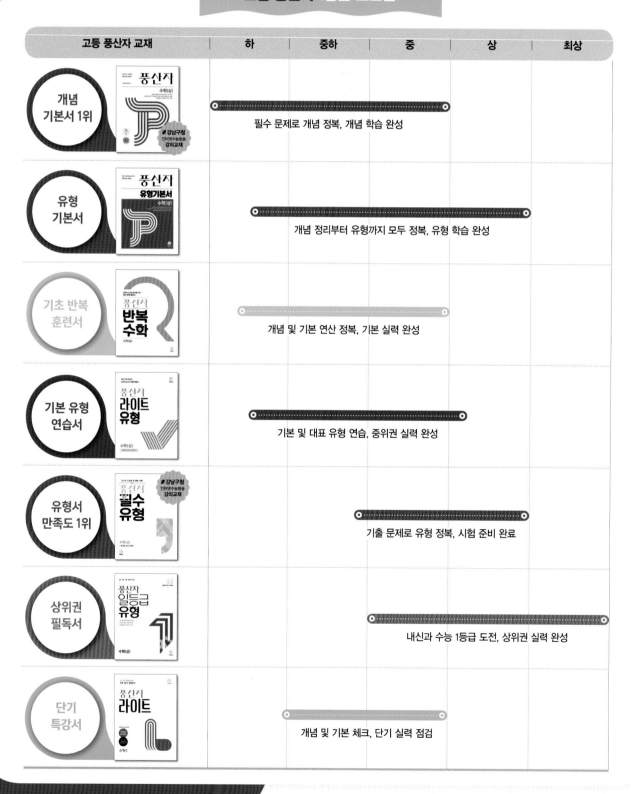

고등 풍산자 교재	하	중하	중	상	최상
개념 기본서 1위 — 풍산자 수학(상)	필수 문제로 개념 정복, 개념 학습 완성				
유형 기본서 — 풍산자 유형기본서 수학(상)		개념 정리부터 유형까지 모두 정복, 유형 학습 완성			
기초 반복 훈련서 — 풍산자 반복수학	개념 및 기본 연산 정복, 기본 실력 완성				
기본 유형 연습서 — 풍산자 라이트 유형 수학(상)		기본 및 대표 유형 연습, 중위권 실력 완성			
유형서 만족도 1위 — 풍산자 필수유형 수학(상)			기출 문제로 유형 정복, 시험 준비 완료		
상위권 필독서 — 풍산자 일등급 유형 수학(상)			내신과 수능 1등급 도전, 상위권 실력 완성		
단기 특강서 — 풍산자 라이트 수학		개념 및 기본 체크, 단기 실력 점검			

필수 개념 적용력을 높이는
2주 단기 완성서

풍산자
라이트

정답과 풀이

수학 I

지학사

필수 개념 연계 문항들로 빠르게 끝내는 **단기 완성서**

풍산자
라이트

| 수학 I |

정답과 풀이

▣ 01 지수
p. 06

01 (1) -3, $\dfrac{3\pm3\sqrt{3}i}{2}$ (2) ±2, $\pm2i$ **02** ⑤

03 ⑤ **04** ③ **05** ③ **06** ④

07 (1) 7 (2) 47

01 (1) -27의 세제곱근을 x라고 하면 $x^3=-27$이므로
$$x^3+27=0$$
$$(x+3)(x^2-3x+9)=0$$
$$\therefore x=-3 \text{ 또는 } x=\frac{3\pm3\sqrt{3}i}{2}$$
따라서 -27의 세제곱근은 -3, $\dfrac{3\pm3\sqrt{3}i}{2}$이다.

(2) 16의 네제곱근을 x라고 하면 $x^4=16$이므로
$$x^4-16=0, \ (x^2-4)(x^2+4)=0$$
$$(x-2)(x+2)(x^2+4)=0$$
$$x=\pm2 \text{ 또는 } x=\pm2i$$
따라서 16의 네제곱근은 ±2, $\pm2i$이다.

02 ① -8의 세제곱근을 x라고 하면 $x^3=-8$이므로
$$x^3+8=0$$
$$(x+2)(x^2-2x+4)=0$$
$$\therefore x=-2 \text{ 또는 } x=1\pm\sqrt{3}i$$
② $\sqrt{256}=16$의 네제곱근을 x라고 하면 $x^4=16$이므로
$$x^4-16=0, \ (x^2-4)(x^2+4)=0$$
$$(x+2)(x-2)(x^2+4)=0$$
$$\therefore x=\pm2 \text{ 또는 } x=\pm2i$$
③ 1의 세제곱근을 x라고 하면 $x^3=1$이므로
$$x^3-1=0$$
$$(x-1)(x^2+x+1)=0$$
$$\therefore x=1 \text{ 또는 } x=\frac{-1\pm\sqrt{3}i}{2}$$
④ $-16<0$이고 4는 짝수이므로 -16의 네제곱근 중 실수인 것은 없다.
⑤ $81>0$이고 4는 짝수이므로 81의 네제곱근 중 실수는 $\pm\sqrt[4]{81}=\pm\sqrt[4]{3^4}=\pm3$이다.
따라서 옳은 것은 ⑤이다.

03 ㄱ. $\sqrt[3]{3}\sqrt[3]{9}=\sqrt[3]{3\times9}=\sqrt[3]{3^3}=3$ (참)
ㄴ. $(\sqrt[4]{36})^2=\sqrt[4]{36^2}=\sqrt[4]{6^4}=6$ (거짓)
ㄷ. $\dfrac{\sqrt[4]{16}}{\sqrt[4]{10000}}=\sqrt[4]{\dfrac{16}{10000}}=\sqrt[4]{\left(\dfrac{2}{10}\right)^4}=\dfrac{2}{10}=\dfrac{1}{5}$ (참)
ㄹ. $\sqrt[4]{\sqrt[3]{3}}=\sqrt[12]{3}$ (참)
따라서 옳은 것은 ㄱ, ㄷ, ㄹ이다.

04 $\sqrt{a^3b}\div\sqrt[3]{a^5b^2}\times\sqrt[6]{a^7b}=a^{\frac{3}{2}}b^{\frac{1}{2}}\div a^{\frac{5}{3}}b^{\frac{2}{3}}\times a^{\frac{7}{6}}b^{\frac{1}{6}}$
$\qquad\qquad\qquad\qquad =a^{\frac{3}{2}-\frac{5}{3}+\frac{7}{6}}b^{\frac{1}{2}-\frac{2}{3}+\frac{1}{6}}$
$\qquad\qquad\qquad\qquad =a^1b^0=a$

05 $16^{\frac{3}{4}}\times2^{-3}=(2^4)^{\frac{3}{4}}\times2^{-3}$
$\qquad\qquad\quad =2^3\times2^{-3}$
$\qquad\qquad\quad =2^{3-3}=2^0=1$

06 $(2^{\sqrt{8}}\div2^{\sqrt{2}})^{\frac{1}{\sqrt{2}}}=(2^{\sqrt{8}-\sqrt{2}})^{\frac{1}{\sqrt{2}}}$
$\qquad\qquad\qquad =(2^{2\sqrt{2}-\sqrt{2}})^{\frac{1}{\sqrt{2}}}$
$\qquad\qquad\qquad =(2^{\sqrt{2}})^{\frac{1}{\sqrt{2}}}=2^{\sqrt{2}\times\frac{1}{\sqrt{2}}}$
$\qquad\qquad\qquad =2$

07 (1) $x+x^{-1}=(x^{\frac{1}{2}}+x^{-\frac{1}{2}})^2-2$
$\qquad\qquad\quad =3^2-2=7$
(2) $x^2+x^{-2}=(x+x^{-1})^2-2$
$\qquad\qquad\quad =7^2-2=47$

▣ 02 로그
p. 08

01 (1) 4 (2) 32 **02** ③ **03** (1) 2 (2) 1

04 ② **05** (1) $3a+b$ (2) $4a-2b$

06 ⑤ **07** ② **08** ④

01 (1) 로그의 정의에 의하여
$$2^x=16, \text{ 즉 } 2^x=2^4 \quad \therefore x=4$$
(2) 로그의 정의에 의하여
$$2^5=x \quad \therefore x=32$$

02 밑의 조건에서 $x-1>0$, $x-1\neq1$
$\therefore x>1$, $x\neq2$ $\qquad\qquad\qquad\qquad$ ……㉠
진수의 조건에서 $4-x>0$
$\therefore x<4$ $\qquad\qquad\qquad\qquad\qquad$ ……㉡
㉠, ㉡의 공통부분을 구하면
$$1<x<2 \text{ 또는 } 2<x<4$$
따라서 구하는 자연수 x의 값은 3이다.

03 (1) $2\log_{10}2+\log_{10}25=\log_{10}2^2+\log_{10}25$
$\qquad\qquad\qquad\qquad =\log_{10}(2^2\times25)$
$\qquad\qquad\qquad\qquad =\log_{10}100$
$\qquad\qquad\qquad\qquad =\log_{10}10^2$
$\qquad\qquad\qquad\qquad =2\log_{10}10=2$
(2) $\log_2 6-2\log_2\sqrt{3}=\log_2 6-\log_2(\sqrt{3})^2$
$\qquad\qquad\qquad\qquad =\log_2\dfrac{6}{(\sqrt{3})^2}$
$\qquad\qquad\qquad\qquad =\log_2\dfrac{6}{3}=\log_2 2$
$\qquad\qquad\qquad\qquad =1$

04 $\log_{\frac{1}{3}} 2 + \log_9 8 + \log_3 \sqrt{2}$

$= \log_{3^{-1}} 2 + \log_{3^2} 2^3 + \log_3 2^{\frac{1}{2}}$

$= -\log_3 2 + \frac{3}{2} \log_3 2 + \frac{1}{2} \log_3 2$

$= \left(-1 + \frac{3}{2} + \frac{1}{2} \right) \log_3 2$

$= \log_3 2$

05 (1) $\log_5 24 = \log_5 (2^3 \times 3)$

$\qquad\qquad = 3\log_5 2 + \log_5 3$

$\qquad\qquad = 3a + b$

(2) $\log_5 \dfrac{16}{9} = \log_5 16 - \log_5 9$

$\qquad\qquad = \log_5 2^4 - \log_5 3^2$

$\qquad\qquad = 4\log_5 2 - 2\log_5 3$

$\qquad\qquad = 4a - 2b$

06 $\log_2 9 \times \log_3 8 = \dfrac{\log_5 9}{\log_5 2} \times \dfrac{\log_5 8}{\log_5 3}$

$\qquad\qquad = \dfrac{\log_5 3^2}{\log_5 2} \times \dfrac{\log_5 2^3}{\log_5 3}$

$\qquad\qquad = \dfrac{2\log_5 3}{\log_5 2} \times \dfrac{3\log_5 2}{\log_5 3}$

$\qquad\qquad = 2 \times 3 = 6$

참고

밑이 다른 로그의 계산에서 로그의 밑의 변환 공식을 이용할 때, 밑을 1이 아닌 어떤 양수로 변환해도 그 결과는 같다.

07 로그의 밑의 변환 공식에 의하여

$\dfrac{1}{\log_2 12} + \dfrac{1}{\log_3 12} + \dfrac{1}{\log_5 12}$

$= \log_{12} 2 + \log_{12} 3 + \log_{12} 5$

$= \log_{12} (2 \times 3 \times 5) = \log_{12} 30$

$\therefore a = 30$

08 이차방정식의 근과 계수의 관계에 의하여

$\log_3 \alpha + \log_3 \beta = 2, \log_3 \alpha\beta = 2$

$\therefore \alpha\beta = 3^2 = 9$

▤ 03 상용로그
p. 10

01 (1) 3 (2) -2 (3) $\dfrac{2}{3}$ **02** 0.1418

03 ⑤ **04** ③ **05** (1) 26.4 (2) 0.00264

06 (1) 7자리 (2) 소수 넷째 자리 **07** ③ **08** 326광년

01 (1) $\log 1000 = \log 10^3 = 3$

(2) $\log 0.01 = \log 10^{-2} = -2$

(3) $\log \sqrt[3]{100} = \log 100^{\frac{1}{3}} = \log 10^{\frac{2}{3}} = \dfrac{2}{3}$

02 $\log 1.32$의 값은 1.32에서 1.3의 행과 소수 둘째 자리의 숫자인 2의 열이 만나는 곳의 수이므로

$\log 1.32 = 0.1206$

$\log 1.05$의 값은 1.05에서 1.0의 행과 소수 둘째 자리의 숫자인 5의 열이 만나는 곳의 수이므로

$\log 1.05 = 0.0212$

$\therefore \log 1.32 + \log 1.05 = 0.1206 + 0.0212 = 0.1418$

03 $\log 60 = \log(2 \times 3 \times 10)$

$\qquad\quad = 1 + \log 2 + \log 3$

$\qquad\quad = 1 + 0.3010 + 0.4771$

$\qquad\quad = 1.7781$

04 $\log 482 + \log 0.0482$

$= \log(4.82 \times 10^2) + \log(4.82 \times 10^{-2})$

$= 2 + \log 4.82 + (-2) + \log 4.82$

$= 2\log 4.82$

$= 2 \times 0.6830$

$= 1.3660$

05 $2.4216 = 2 + 0.4216$이므로

$\log 264 = \log(2.64 \times 10^2) = 2 + \log 2.64$

$\therefore \log 2.64 = 0.4216$

(1) $\log x = 1.4216 = 1 + 0.4216 = \log(2.64 \times 10)$

$\quad \therefore x = 26.4$

(2) $-2.5784 = -3 + (1 - 0.5784) = -3 + 0.4216$이므로

$\log x = -3 + 0.4216 = \log(2.64 \times 10^{-3})$

$\therefore x = 0.00264$

06 (1) 2^{20}에 상용로그를 취하면

$\log 2^{20} = 20\log 2 = 20 \times 0.3010 = 6.020$

따라서 $\log 2^{20}$의 정수 부분이 6이므로 2^{20}은 7자리의 정수이다.

(2) $\left(\dfrac{1}{2} \right)^{10}$에 상용로그를 취하면

$\log \left(\dfrac{1}{2} \right)^{10} = \log 2^{-10} = -10\log 2$

$\qquad\qquad\quad = -10 \times 0.3010$

$\qquad\qquad\quad = -3.010 = -4 + (1 - 0.010)$

$\qquad\qquad\quad = -4 + 0.990$

따라서 $\log \left(\dfrac{1}{2} \right)^{10}$의 정수 부분이 -4이므로 $\left(\dfrac{1}{2} \right)^{10}$은 소수 넷째 자리에서 처음으로 0이 아닌 숫자가 나타난다.

07 $10<x<100$의 각 변에 상용로그를 취하면

$1<\log x<2$ $\qquad$ ······ ㉠

$\log x$의 소수 부분과 $\log x^3$의 소수 부분이 같으므로

$\log x^3-\log x=3\log x-\log x$

$\qquad\qquad\quad =2\log x=(정수)$

㉠의 각 변에 2를 곱하면

$2<2\log x<4$ $\quad \therefore 2\log x=3$

$\log x=\dfrac{3}{2}$ $\quad \therefore x=10^{\frac{3}{2}}=10\sqrt{10}$

08 겉보기 등급이 2, 절대 등급이 -3이므로

$m-M=5\log r-5$에 $m=2$, $M=-3$을 대입하면

$2-(-3)=5\log r-5$, $\log r=2$

$\therefore r=100(파섹)$

따라서 구하는 거리는 $100\times3.26=326(광년)$

실력 확인 문제 ⟨01⟩⟨02⟩⟨03⟩ p. 12

01 ③	02 ④	03 ③	04 ⑤	05 15
06 ⑤	07 ②	08 ④	09 ③	10 ①
11 ④	12 ⑤	13 ③	14 ①	15 ④
16 ③	17 ①	18 3.8938		19 ①
20 ②	21 11	22 ②	23 ③	

01 ㄱ. n이 짝수일 때, 실수 a의 n제곱근 중 실수인 것은

$\quad a>0$이면 2개, $a=0$이면 1개, $a<0$이면 없다. (거짓)

ㄴ. -64의 세제곱근 중 실수인 것은

$\quad \sqrt[3]{-64}=\sqrt[3]{(-4)^3}=-4$ (거짓)

ㄷ. 16의 네제곱근을 x라고 하면 $x^4=16$이므로

$\quad x^4-16=0$, $(x+2)(x-2)(x^2+4)=0$

$\quad x=\pm2$ 또는 $x=\pm2i$

$\quad$ 네제곱근 16은 $\sqrt[4]{16}=\sqrt[4]{2^4}=2$ (거짓)

ㄹ. n이 홀수일 때, 실수 a의 n제곱근 중 실수인 것은

$\quad \sqrt[n]{a}$의 1개이다. (참)

따라서 옳은 것은 ㄹ이다.

02 256의 네제곱근 중 양의 실수인 것은

$\sqrt[4]{256}=\sqrt[4]{4^4}=4$ $\quad \therefore a=4$

-125의 세제곱근 중 실수인 것은

$\sqrt[3]{-125}=\sqrt[3]{(-5)^3}=-5$ $\quad \therefore b=-5$

$\therefore a-b=9$

03 $\sqrt[3]{2^2}\times2^{-\frac{1}{4}}\times\sqrt[4]{2^7}=2^{\frac{2}{3}}\times2^{-\frac{1}{4}}\times2^{\frac{7}{4}}$

$\qquad\qquad\qquad\qquad =2^{\frac{2}{3}-\frac{1}{4}+\frac{7}{4}}=2^{\frac{13}{6}}$

$\therefore k=\dfrac{13}{6}$

04 3, 4, 6의 최소공배수가 12이므로 통분하여 지수를 같게 하면

$A=\sqrt[3]{3}=\sqrt[12]{3^4}=\sqrt[12]{81}$

$B=\sqrt[4]{4}=\sqrt[12]{4^3}=\sqrt[12]{64}$

$C=\sqrt[6]{6}=\sqrt[12]{6^2}=\sqrt[12]{36}$

이때 $\sqrt[12]{36}<\sqrt[12]{64}<\sqrt[12]{81}$이므로

$\sqrt[6]{6}<\sqrt[4]{4}<\sqrt[3]{3}$

$\therefore C<B<A$

05 $\sqrt{a^3\sqrt{a^2\sqrt[4]{a}}}=\sqrt{a}\times\sqrt[6]{a^2}\times\sqrt[24]{a}$

$\qquad\qquad\quad =\sqrt[24]{a^{12}}\times\sqrt[24]{a^8}\times\sqrt[24]{a}$

$\qquad\qquad\quad =\sqrt[24]{a^{12}\times a^8\times a}=\sqrt[24]{a^{21}}=\sqrt[8]{a^7}$

$\qquad\qquad\quad =a^{\frac{7}{8}}$

따라서 $m=8$, $n=7$이므로 $m+n=15$

06 주어진 식의 분모, 분자에 각각 2^x을 곱하면

$$\frac{2^{3x}-2^{-3x}}{2^x-2^{-x}}=\frac{2^{4x}-2^{-2x}}{2^{2x}-1}$$

$$=\frac{3^2-\dfrac{1}{3}}{3-1}=\frac{13}{3}$$

07 [1단계]

$(a^{\frac{1}{2}}+a^{-\frac{1}{2}})^2=a+2+a^{-1}$

$\qquad\qquad\qquad =7+2=9$

$a>0$이므로 $a^{\frac{1}{2}}+a^{-\frac{1}{2}}=3$

[2단계]

위의 식의 양변을 세제곱하면

$(a^{\frac{1}{2}})^3+(a^{-\frac{1}{2}})^3+3\times a^{\frac{1}{2}}\times a^{-\frac{1}{2}}\times(a^{\frac{1}{2}}+a^{-\frac{1}{2}})=27$

$a^{\frac{3}{2}}+a^{-\frac{3}{2}}+3\times1\times3=27$

$\therefore a^{\frac{3}{2}}+a^{-\frac{3}{2}}=18$

08 $48^a=16$에서 $48^a=2^4$, $(48^a)^{\frac{1}{a}}=(2^4)^{\frac{1}{a}}$

$\therefore 48=2^{\frac{4}{a}}$ $\qquad$ ······ ㉠

$3^b=8$에서 $3^b=2^3$, $(3^b)^{\frac{1}{b}}=(2^3)^{\frac{1}{b}}$

$\therefore 3=2^{\frac{3}{b}}$ $\qquad$ ······ ㉡

㉠$\div$㉡을 하면

$48\div3=2^{\frac{4}{a}}\div2^{\frac{3}{b}}$

$16=2^{\frac{4}{a}-\frac{3}{b}}=2^4$

$\therefore \dfrac{4}{a}-\dfrac{3}{b}=4$

09 [1단계]

$a^x=16$에서 $a^x=2^4$이므로

$(a^x)^{\frac{1}{x}}=(2^4)^{\frac{1}{x}}=2^{\frac{4}{x}}$ $\therefore a=2^{\frac{4}{x}}$

마찬가지로

$b^y=2^4$에서 $b=2^{\frac{4}{y}}$

$c^z=2^4$에서 $c=2^{\frac{4}{z}}$

[2단계]

$abc=2^{\frac{4}{x}}\times 2^{\frac{4}{y}}\times 2^{\frac{4}{z}}$

$=2^{\frac{4}{x}+\frac{4}{y}+\frac{4}{z}}$

$=2^{4\left(\frac{1}{x}+\frac{1}{y}+\frac{1}{z}\right)}=2^3$

이므로 $4\left(\dfrac{1}{x}+\dfrac{1}{y}+\dfrac{1}{z}\right)=3$

$\therefore \dfrac{1}{x}+\dfrac{1}{y}+\dfrac{1}{z}=\dfrac{3}{4}$

10 $\log_{x-3}(-x^2+9x-18)$에서

밑의 조건에 의하여 $x-3>0$, $x-3\neq 1$

$\therefore x>3$, $x\neq 4$ ······ ㉠

진수의 조건에 의하여 $-x^2+9x-18>0$

즉, $x^2-9x+18<0$이므로

$(x-3)(x-6)<0$

$\therefore 3<x<6$ ······ ㉡

㉠, ㉡의 공통부분은

$3<x<4$ 또는 $4<x<6$

따라서 구하는 자연수 x는 5의 1개이다.

11 $\log_2 3+\log_2 6-\log_2 9=\log_2\dfrac{3\times 6}{9}$

$=\log_2 2=1$

12 $\log_7\sqrt{12}=\log_7 12^{\frac{1}{2}}=\dfrac{1}{2}\log_7(2^2\times 3)$

$=\log_7 2+\dfrac{1}{2}\log_7 3$

$=a+\dfrac{1}{2}b$

13 $\log_2 48-\log_2 3+\dfrac{\log_3 64}{\log_3 2}$

$=\log_2 48-\log_2 3+\log_2 64$

$=\log_2(2^4\times 3)-\log_2 3+\log_2 2^6$

$=4+\log_2 3-\log_2 3+6$

$=4+6=10$

14 로그의 밑의 변환 공식에 의하여

$\dfrac{1}{\log_3 x}+\dfrac{1}{\log_4 x}+\dfrac{1}{\log_5 x}$

$=\log_x 3+\log_x 4+\log_x 5$

$=\log_x(3\times 4\times 5)$

$=\log_x 60=\dfrac{1}{\log_{60} x}$

$\therefore a=60$

15 로그의 정의에 의하여

$2^x=3$에서 $x=\log_2 3$

$3^y=5$에서 $y=\log_3 5$

$\therefore xy=\log_2 3\times \log_3 5$

$=\dfrac{\log_{10} 3}{\log_{10} 2}\times \dfrac{\log_{10} 5}{\log_{10} 3}$

$=\dfrac{\log_{10} 5}{\log_{10} 2}$

$=\log_2 5$

16 $a=\log_5(1+\sqrt{2})$에서 로그의 정의에 의하여

$5^a=1+\sqrt{2}$

$5^{-a}=\dfrac{1}{1+\sqrt{2}}=\dfrac{1-\sqrt{2}}{(1+\sqrt{2})(1-\sqrt{2})}=\sqrt{2}-1$

$\therefore \dfrac{5^a+5^{-a}}{5^a-5^{-a}}=\dfrac{(1+\sqrt{2})+(\sqrt{2}-1)}{(1+\sqrt{2})-(\sqrt{2}-1)}$

$=\dfrac{2\sqrt{2}}{2}=\sqrt{2}$

17 이차방정식의 근과 계수의 관계에 의하여

$\log_2 a+\log_2 b=4$, $\log_2 a\times \log_2 b=2$

$\therefore \log_a b+\log_b a$

$=\dfrac{\log_2 b}{\log_2 a}+\dfrac{\log_2 a}{\log_2 b}$

$=\dfrac{(\log_2 a)^2+(\log_2 b)^2}{\log_2 a\times \log_2 b}$

$=\dfrac{(\log_2 a+\log_2 b)^2-2\times \log_2 a\times \log_2 b}{\log_2 a\times \log_2 b}$

$=\dfrac{4^2-2\times 2}{2}=6$

18 $1.8267=1+0.8267$이므로

$\log 67.1=\log(6.71\times 10)=1+\log 6.71$

따라서 $\log 6.71=0.8267$이므로

$a=\log 6710=\log(6.71\times 10^3)=3+\log 6.71=3.8267$

$-1.1733=-2+(1-0.1733)$

$=-2+0.8267$

이므로

$\log b=-2+0.8267$

$=\log(6.71\times 10^{-2})$

$\therefore b=0.0671$

$\therefore a+b=3.8267+0.0671$

$=3.8938$

다른 풀이

$a=\log 6710=\log(67.1\times 10^2)$

$=2+\log 67.1$

$=2+1.8267$

$=3.8267$

19 $\log 50 = \log (5 \times 10) = 1 + \log 5$에서

$0 < \log 5 < 1$이므로

$n = 1$, $\alpha = \log 5$

$$\therefore \frac{10^n + 10^\alpha}{10^n - 10^\alpha} = \frac{10^1 + 10^{\log 5}}{10^1 - 10^{\log 5}}$$

$$= \frac{10 + 5^{\log 10}}{10 - 5^{\log 10}}$$

$$= \frac{10 + 5}{10 - 5} = 3$$

20 $\log A$의 정수 부분을 n, 소수 부분을 α라고 하면

이차방정식 $2x^2 + 3x + k = 0$에서 근과 계수의 관계에 의하여

$n + \alpha = -\dfrac{3}{2}$, $n\alpha = \dfrac{k}{2}$ (단, n은 정수, $0 \le \alpha < 1$이다.)

이때 $-\dfrac{3}{2} = -2 + \dfrac{1}{2}$이므로

$n = -2$, $\alpha = \dfrac{1}{2}$

$\therefore k = 2n\alpha = 2 \times (-2) \times \dfrac{1}{2} = -2$

21 6^{10}에 상용로그를 취하면

$$\log 6^{10} = 10 \log (2 \times 3)$$

$$= 10(\log 2 + \log 3)$$

$$= 10(0.3010 + 0.4771)$$

$$= 7.781$$

따라서 $\log 6^{10}$의 정수 부분이 7이므로 6^{10}은 8자리의 정수이다.

$\therefore m = 8$

$\left(\dfrac{3}{5}\right)^{10}$에 상용로그를 취하면

$$\log \left(\frac{3}{5}\right)^{10} = 10 \log \frac{3}{5}$$

$$= 10 \log \frac{6}{10}$$

$$= 10 (\log 2 + \log 3 - 1)$$

$$= 10(0.3010 + 0.4771 - 1)$$

$$= -2.219$$

$$= -3 + 0.781$$

따라서 $\log \left(\dfrac{3}{5}\right)^{10}$의 정수 부분이 -3이므로 $\left(\dfrac{3}{5}\right)^{10}$은 소수 셋째 자리에서 처음으로 0이 아닌 숫자가 나타난다.

$\therefore n = 3$

$\therefore m + n = 11$

22 [1단계]

$\log x$의 정수 부분이 4이므로

$4 \le \log x < 5$　　　　　　　　　……㉠

$\log x^2$과 $\log \dfrac{1}{x}$의 소수 부분이 같으므로

$$\log x^2 - \log \frac{1}{x} = 2 \log x + \log x$$

$$= 3 \log x = (정수)$$

[2단계]

㉠의 각 변에 3을 곱하면

$12 \le 3 \log x < 15$

$3 \log x$는 정수이므로 $3 \log x = 12$, 13, 14

$\log x = 4$, $\dfrac{13}{3}$, $\dfrac{14}{3}$이므로

$x = 10^4$, $10^{\frac{13}{3}}$, $10^{\frac{14}{3}}$

$\therefore \log \alpha + \log \beta + \log \gamma = \log 10^4 + \log 10^{\frac{13}{3}} + \log 10^{\frac{14}{3}}$

$$= 4 + \frac{13}{3} + \frac{14}{3} = 13$$

23 [1단계]

$P = 20 \log 255 - 10 \log E$에서

$P_A = 20 \log 255 - 10 \log E_A$

$P_B = 20 \log 255 - 10 \log E_B$

[2단계]

이때 $E_B = 100 E_A$이므로

$P_A - P_B$

$= (20 \log 255 - 10 \log E_A) - (20 \log 255 - 10 \log E_B)$

$= 10 \log \dfrac{E_B}{E_A}$

$= 10 \log \dfrac{100 E_A}{E_A}$

$= 10 \log 100 = 20$

■ **04 지수함수**　　　　　　　　　　p. 16

01 ④　　**02** 풀이 참조　　**03** ②　　**04** ①

05 (1) $\sqrt{2} > \sqrt[7]{8}$　　(2) $\left(\dfrac{1}{3}\right)^4 > \left(\dfrac{1}{27}\right)^2$　　**06** ⑤

07 ①

---

01 $f(0) = 2^a = 4$에서 $4 = 2^2$이므로 $a = 2$

$\therefore f(x) = 2^{x+2}$

$\therefore f(1) = 2^{1+2} = 2^3 = 8$

02 (1) $y = 2^{x-2}$의 그래프는 $y = 2^x$의 그래프를 x축의 방향으로 2만큼 평행이동한 것이므로 오른쪽 그림과 같다.

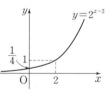

(2) $y = 2^{-x+1} - 3 = 2^{-(x-1)} - 3$의 그래프는 $y = 2^x$의 그래프를 y축에 대하여 대칭이동한 후, x축의 방향으로 1만큼, y축의 방향으로 -3만큼 평행이동한 것이므로 오른쪽 그림과 같다.

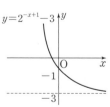

03 $y=2^{x-1}+1$의 그래프는 $y=2^x$의 그래프를 x축의 방향으로 1만큼, y축의 방향으로 1만큼 평행이동한 것이므로 오른쪽 그림과 같다.

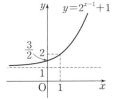

① $x=1$일 때, $y=2^{1-1}+1=2$이므로 그래프는 점 $(1,2)$를 지난다.

② 그래프의 점근선은 직선 $y=1$이다.

③ 그래프는 제3, 4사분면을 지나지 않는다.

④ x의 값이 증가하면 y의 값도 증가한다.

⑤ 정의역은 실수 전체의 집합이고, 치역은 $\{y|y>1\}$이다.

따라서 옳지 않은 것은 ②이다.

04 함수 $y=3^x$의 그래프를 x축의 방향으로 a만큼, y축의 방향으로 b만큼 평행이동한 그래프의 식은

$y=3^{x-a}+b$

따라서 $y=3^{x-a}+b$가 $y=9\times3^x+3=3^{x+2}+3$과 일치해야 하므로

$a=-2,\ b=3$

$\therefore a+b=-2+3=1$

05 (1) $\sqrt{2}=2^{\frac{1}{2}}$, $\sqrt[7]{8}=(2^3)^{\frac{1}{7}}=2^{\frac{3}{7}}$

이때 $2>1$이고 $\frac{1}{2}>\frac{3}{7}$이므로

$2^{\frac{1}{2}}>2^{\frac{3}{7}}$ $\quad\therefore \sqrt{2}>\sqrt[7]{8}$

(2) $\left(\frac{1}{27}\right)^2=\left(\frac{1}{3^3}\right)^2=\left(\frac{1}{3}\right)^6$

이때 $0<\frac{1}{3}<1$이고 $4<6$이므로

$\left(\frac{1}{3}\right)^4>\left(\frac{1}{3}\right)^6$ $\quad\therefore \left(\frac{1}{3}\right)^4>\left(\frac{1}{27}\right)^2$

06 $y=\left(\frac{1}{2}\right)^{-x^2+2x}$에서

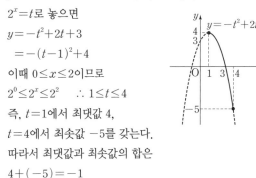

$f(x)=-x^2+2x$로 놓으면

$f(x)=-(x-1)^2+1$

$-1\leq x\leq2$에서 $f(x)$는

$x=-1$일 때 최솟값 -3,

$x=1$일 때 최댓값 1을 갖는다.

$\therefore -3\leq f(x)\leq1$

이때 $0<\frac{1}{2}<1$이므로 $f(x)$가 최대일 때 y는 최소, $f(x)$가 최소일 때 y는 최대가 된다.

즉, $f(x)=-3$에서 최댓값 $\left(\frac{1}{2}\right)^{-3}=8$을 가지므로

$M=8$

함수 $y=2^{x+1}$은 x의 값이 증가하면 y의 값도 증가한다.

따라서 함수 $y=2^{x+1}$은 $x=-1$에서 최솟값

$2^{-1+1}=1$을 가지므로 $m=1$

$\therefore M+m=9$

07 $y=2^{x+1}-4^x+3=2^x\times2-(2^x)^2+3$에서

$2^x=t$로 놓으면

$y=-t^2+2t+3$

$\quad=-(t-1)^2+4$

이때 $0\leq x\leq2$이므로

$2^0\leq2^x\leq2^2$ $\quad\therefore 1\leq t\leq4$

즉, $t=1$에서 최댓값 4,

$t=4$에서 최솟값 -5를 갖는다.

따라서 최댓값과 최솟값의 합은

$4+(-5)=-1$

■ 05 지수방정식과 지수부등식 p. 18

01 (1) $x=3$ (2) $x=-\frac{3}{2}$ **02** $x=1$ **03** ②

04 (1) $x=1$ 또는 $x=2$ (2) $x=1$ 또는 $x=3$

05 (1) $x>\frac{3}{2}$ (2) $x\geq1$ **06** $x\geq2$ **07** ②

08 ①

01 (1) $64=2^6$이므로 $2^{2x}=2^6$

$2x=6$ $\quad\therefore x=3$

(2) $\left(\frac{1}{3}\right)^x=3^{-x}$, $3\sqrt{3}=3\times3^{\frac{1}{2}}=3^{\frac{3}{2}}$이므로 $3^{-x}=3^{\frac{3}{2}}$

$-x=\frac{3}{2}$ $\quad\therefore x=-\frac{3}{2}$

02 $9^x=(3^2)^x=(3^x)^2$이므로 $3^x=t\,(t>0)$로 놓으면 주어진 방정식은

$t^2-2t-3=0,\ (t+1)(t-3)=0$

$\therefore t=-1$ 또는 $t=3$

그런데 $t>0$이므로 $t=3$

즉, $3^x=3$이므로 $x=1$

03 $4^x=(2^2)^x=(2^x)^2$, $2^{x+1}=2\times2^x$이므로

$(2^x)^2-10\times2^x+16=0$

$2^x=t\,(t>0)$로 놓으면

$t^2-10t+16=0,\ (t-2)(t-8)=0$

$t=2$ 또는 $t=8$

즉, $2^x=2$ 또는 $2^x=8=2^3$에서 $x=1$ 또는 $x=3$

이때 $\alpha>\beta$이므로 $\alpha=3,\ \beta=1$

$\therefore \alpha-\beta=3-1=2$

04 (1) 주어진 방정식이 성립하려면 밑이 같거나 지수가 0이어야 한다.

(ⅰ) 밑이 같은 경우 $x=2$

(ⅱ) 지수가 0인 경우 $x-1=0$ $\quad\therefore x=1$

따라서 주어진 방정식의 해는

$x=1$ 또는 $x=2$

(2) 주어진 방정식이 성립하려면 지수가 같거나 밑이 1이어야 한다.

  (i) 지수가 같은 경우 $2x-3=x$ $\therefore x=3$

  (ii) 밑이 1인 경우 $x=1$

따라서 주어진 방정식의 해는

$x=1$ 또는 $x=3$

05 (1) $25^x=(5^2)^x=5^{2x}$, $125=5^3$이므로 주어진 부등식은

$5^{2x}>5^3$

이때 $5>1$이므로 $2x>3$

$\therefore x>\dfrac{3}{2}$

(2) $\left(\dfrac{1}{8}\right)^{x+1}=\left\{\left(\dfrac{1}{2}\right)^3\right\}^{x+1}=\left(\dfrac{1}{2}\right)^{3x+3}$,

$\left(\dfrac{1}{64}\right)^{x}=\left\{\left(\dfrac{1}{2}\right)^6\right\}^{x}=\left(\dfrac{1}{2}\right)^{6x}$이므로 주어진 부등식은

$\left(\dfrac{1}{2}\right)^{3x+3} \geq \left(\dfrac{1}{2}\right)^{6x}$

이때 $0<\dfrac{1}{2}<1$이므로

$3x+3 \leq 6x$, $3x \geq 3$ $\therefore x \geq 1$

06 $4^x=(2^x)^2$이므로 $2^x=t\,(t>0)$로 놓으면 주어진 부등식은

$t^2-3t-4 \geq 0$, $(t+1)(t-4) \geq 0$

$\therefore t \leq -1$ 또는 $t \geq 4$

그런데 $t>0$이므로 $t \geq 4$ $\therefore 2^x \geq 2^2$

이때 $2>1$이므로 $x \geq 2$

07 (i) $0<x<1$일 때

  $2x>x+2$에서 $x>2$

  그런데 $0<x<1$이므로 해가 없다.

(ii) $x=1$일 때

  $1<1$이므로 성립하지 않는다.

(iii) $x>1$일 때

  $2x<x+2$에서 $x<2$

  그런데 $x>1$이므로 $1<x<2$

(i)~(iii)에 의하여 $1<x<2$

08 $\dfrac{1}{9}=3^{-2}$, $27\sqrt{3}=3^{\frac{7}{2}}$이므로

$3^{-2}<3^{2x-1}<3^{\frac{7}{2}}$

이때 $3>1$이므로

$-2<2x-1<\dfrac{7}{2}$, $-1<2x<\dfrac{9}{2}$

$\therefore -\dfrac{1}{2}<x<\dfrac{9}{4}$

따라서 $a=-\dfrac{1}{2}$, $b=\dfrac{9}{4}$이므로

$a+b=-\dfrac{1}{2}+\dfrac{9}{4}=\dfrac{7}{4}$

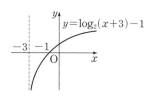
01 $f(2)=\log_a 3=1$이므로 $a=3$

$\therefore f(x)=\log_3 (x+1)$

$\therefore f(8)=\log_3 9=\log_3 3^2=2$

02 (1) $y=\log_2 (x+3)-1$의 그래프는 $y=\log_2 x$의 그래프를 x축의 방향으로 -3만큼, y축의 방향으로 -1만큼 평행이동한 것이므로 오른쪽 그림과 같다.

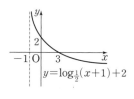

(2) $y=\log_{\frac{1}{2}} (x+1)+2$의 그래프는 $y=\log_{\frac{1}{2}} x$의 그래프를 x축의 방향으로 -1만큼, y축의 방향으로 2만큼 평행이동한 것이므로 오른쪽 그림과 같다.

03 $y=\log_2 (x-3)+1$의 그래프는 $y=\log_2 x$의 그래프를 x축의 방향으로 3만큼, y축의 방향으로 1만큼 평행이동한 것이므로 다음 그림과 같다.

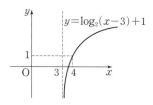

① $x=4$일 때, $y=\log_2 (4-3)+1=1$이므로 그래프는 점 $(4, 1)$을 지난다.

② 그래프는 제2, 3사분면을 지나지 않는다.

③ 그래프의 점근선의 방정식은 $x=3$이다.

④ x의 값이 증가하면 y의 값도 증가한다.

⑤ 정의역은 $\{x \,|\, x>3\}$이고, 치역은 실수 전체의 집합이다.

따라서 옳지 않은 것은 ⑤이다.

04 함수 $y=\log_2 x$의 그래프를 직선 $y=x$에 대하여 대칭이동하면

$x=\log_2 y$ $\therefore y=2^x$

x축의 방향으로 1만큼, y축의 방향으로 -2만큼 평행이동하면

$y=2^{x-1}-2$

따라서 $y=2^{x-1}-2$가 $y=2^{x-a}+b$와 일치해야 하므로

$a=1,\ b=-2$

$\therefore a+b=1+(-2)=-1$

05 (1) $2\log_2 3=\log_2 3^2=\log_2 9$

이때 $2>1$이고 $10>9$이므로

$\log_2 10>\log_2 9$

$\therefore \log_2 10>2\log_2 3$

(2) $\dfrac{1}{3}\log_{\frac{1}{2}} 27=\log_{\frac{1}{2}} 27^{\frac{1}{3}}=\log_{\frac{1}{2}} 3$

이때 $0<\dfrac{1}{2}<1$이고 $3<\sqrt{10}$이므로

$\log_{\frac{1}{2}} 3>\log_{\frac{1}{2}} \sqrt{10}$

$\therefore \dfrac{1}{3}\log_{\frac{1}{2}} 27>\log_{\frac{1}{2}} \sqrt{10}$

06 함수 $y=\log_{\frac{1}{2}} (x-1)+1$은 x의 값이 증가하면 y의 값은 감소한다.

따라서 함수 $y=\log_{\frac{1}{2}} (x-1)+1$은 $x=2$에서 최댓값

$\log_{\frac{1}{2}} 1+1=1$을 가지므로 $M=1$

$y=\log_3 (x^2-2x+1)$에서

$f(x)=x^2-2x+1$로 놓으면

$f(x)=(x-1)^2$

$2\le x\le 4$에서 $f(x)$는

$x=2$일 때 최솟값 1, $x=4$일 때

최댓값 9를 갖는다.

$\therefore 1\le f(x)\le 9$

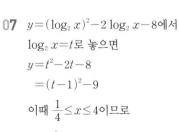

이때 $3>1$이므로 $f(x)$가 최대

일 때 y도 최대, $f(x)$가 최소일 때 y도 최소가 된다.

즉, $f(x)=1$에서 최솟값 $\log_3 1=0$을 가지므로

$m=0$

$\therefore M+m=1$

07 $y=(\log_2 x)^2-2\log_2 x-8$에서

$\log_2 x=t$로 놓으면

$y=t^2-2t-8$

$=(t-1)^2-9$

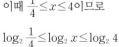

이때 $\dfrac{1}{4}\le x\le 4$이므로

$\log_2 \dfrac{1}{4}\le \log_2 x\le \log_2 4$

$\log_2 2^{-2}\le \log_2 x\le \log_2 2^2$

$\therefore -2\le t\le 2$

즉, $t=-2$에서 최댓값 0, $t=1$에서 최솟값 -9를 갖는다.

따라서 최댓값과 최솟값의 합은

$0+(-9)=-9$

■ 07 로그방정식과 로그부등식 p. 22

01 (1) $x=17$ (2) $x=4$ **02** (1) $x=3$ (2) $x=12$

03 ⑤   **04** ④

05 (1) $\dfrac{2}{3}<x<2$ (2) $x>6$

06 (1) $-\dfrac{1}{8}<x<\dfrac{1}{5}$ (2) $\dfrac{5}{3}<x\le 3$

07 ②   **08** ②

01 (1) 진수는 양수이므로 $x-1>0$

$\therefore x>1$ ...... ㉠

로그의 정의에 의하여 주어진 방정식은

$x-1=2^4=16$ $\therefore x=17$

따라서 ㉠에 의하여 구하는 해는 $x=17$

(2) 진수는 양수이므로 $x>0,\ x-3>0$

$\therefore x>3$ ...... ㉠

로그의 기본 성질을 이용하여 주어진 방정식을 변형하면

$\log_2 x(x-3)=2,\ x(x-3)=2^2$

$x^2-3x-4=0,\ (x+1)(x-4)=0$

$\therefore x=-1$ 또는 $x=4$

따라서 ㉠에 의하여 구하는 해는 $x=4$

다른 풀이

(1) 진수는 양수이므로 $x-1>0$

$\therefore x>1$ ...... ㉠

방정식의 우변을 밑이 2인 로그의 꼴로 바꾸면

$\log_2 (x-1)=\log_2 2^4$

$x-1=2^4=16$ $\therefore x=17$

따라서 ㉠에 의하여 구하는 해는 $x=17$

(2) 진수는 양수이므로 $x>0,\ x-3>0$

$\therefore x>3$ ...... ㉠

방정식의 우변을 밑이 2인 로그의 꼴로 바꾸면

$\log_2 x+\log_2 (x-3)=\log_2 2^2$

$\log_2 x(x-3)=\log_2 4,\ x(x-3)=4$

$x^2-3x-4=0,\ (x+1)(x-4)=0$

$\therefore x=-1$ 또는 $x=4$

따라서 ㉠에 의하여 구하는 해는 $x=4$

02 (1) 진수는 양수이므로 $2x-1>0,\ x^2-4>0$

$\therefore x>2$ ...... ㉠

$\log_2 (2x-1)=\log_2 (x^2-4)$에서 밑이 같으므로

$2x-1=x^2-4,\ x^2-2x-3=0$

$(x+1)(x-3)=0$ $\therefore x=-1$ 또는 $x=3$

따라서 ㉠에 의하여 구하는 해는 $x=3$

(2) 진수는 양수이므로 $x-4>0,\ 5x+4>0$

$\therefore x>4$ ...... ㉠

$\log_3 (x-4)=\log_9 (5x+4)$에서 밑을 9로 같게 하면

$\log_9 (x-4)^2=\log_9 (5x+4)$

$(x-4)^2=5x+4,\ x^2-13x+12=0$

$(x-1)(x-12)=0$ $\qquad \therefore x=1$ 또는 $x=12$

따라서 ㉠에 의하여 구하는 해는 $x=12$

03 진수는 양수이므로 $x>0$ $\qquad\qquad \cdots\cdots$ ㉠

$\log_2 x=t$로 놓으면 주어진 방정식은

$t^2-3t-4=0,\ (t+1)(t-4)=0$

$\therefore t=-1$ 또는 $t=4$

즉, $\log_2 x=-1$ 또는 $\log_2 x=4$이므로

$x=\dfrac{1}{2}$ 또는 $x=16$

따라서 ㉠에 의하여 구하는 해는

$x=\dfrac{1}{2}$ 또는 $x=16$

$\therefore \alpha\beta=\dfrac{1}{2}\times 16=8$

04 진수는 양수이므로 $x>0$ $\qquad\qquad \cdots\cdots$ ㉠

$x^{\log x}=1000x^2$의 양변에 상용로그를 취하면

$\log x^{\log x}=\log 1000x^2$

$\log x\times \log x=\log 1000+\log x^2$

$(\log x)^2=3+2\log x$

$\log x=t$로 놓으면

$t^2=3+2t,\ t^2-2t-3=0$

$(t+1)(t-3)=0$

$\therefore t=-1$ 또는 $t=3$

즉, $\log x=-1$ 또는 $\log x=3$이므로

$x=\dfrac{1}{10}$ 또는 $x=1000$

따라서 ㉠에 의하여 구하는 해는

$x=\dfrac{1}{10}$ 또는 $x=1000$

$\therefore \alpha\beta=\dfrac{1}{10}\times 1000=100$

05 (1) 진수는 양수이므로 $3x-2>0$

$\therefore x>\dfrac{2}{3}$ $\qquad\qquad \cdots\cdots$ ㉠

부등식의 우변을 밑이 2인 로그의 꼴로 바꾸면

$\log_2 (3x-2)<\log_2 2^2,\ \log_2 (3x-2)<\log_2 4$

이때 $2>1$이므로

$3x-2<4$ $\qquad \therefore x<2$ $\qquad\qquad \cdots\cdots$ ㉡

㉠, ㉡의 공통부분은 $\dfrac{2}{3}<x<2$

(2) 진수는 양수이므로 $x+2>0$

$\therefore x>-2$ $\qquad\qquad \cdots\cdots$ ㉠

부등식의 우변을 밑이 $\dfrac{1}{2}$인 로그의 꼴로 바꾸면

$\log_{\frac{1}{2}} (x+2)<\log_{\frac{1}{2}} \left(\dfrac{1}{2}\right)^{-3}$

$\log_{\frac{1}{2}} (x+2)<\log_{\frac{1}{2}} 8$

이때 $0<\dfrac{1}{2}<1$이므로

$x+2>8$ $\qquad \therefore x>6$ $\qquad\qquad \cdots\cdots$ ㉡

㉠, ㉡의 공통부분은 $x>6$

06 (1) 진수는 양수이므로 $2+3x>0,\ 1-5x>0$

$\therefore -\dfrac{2}{3}<x<\dfrac{1}{5}$ $\qquad\qquad \cdots\cdots$ ㉠

이때 $2>1$이므로

$2+3x>1-5x,\ 8x>-1$

$\therefore x>-\dfrac{1}{8}$ $\qquad\qquad \cdots\cdots$ ㉡

㉠, ㉡의 공통부분은 $-\dfrac{1}{8}<x<\dfrac{1}{5}$

(2) 진수는 양수이므로 $3x-5>0,\ x+1>0$

$\therefore x>\dfrac{5}{3}$ $\qquad\qquad \cdots\cdots$ ㉠

이때 $0<\dfrac{1}{3}<1$이므로

$3x-5\le x+1,\ 2x\le 6$

$\therefore x\le 3$ $\qquad\qquad \cdots\cdots$ ㉡

㉠, ㉡의 공통부분은 $\dfrac{5}{3}<x\le 3$

07 진수는 양수이므로 $x>0$ $\qquad\qquad \cdots\cdots$ ㉠

$\log_{\frac{1}{2}} x=t$로 놓으면 주어진 부등식은

$t^2+3t-10<0,\ (t+5)(t-2)<0$

$\therefore -5<t<2$

즉, $-5<\log_{\frac{1}{2}} x<2$이므로

$\log_{\frac{1}{2}} \left(\dfrac{1}{2}\right)^{-5}<\log_{\frac{1}{2}} x<\log_{\frac{1}{2}} \left(\dfrac{1}{2}\right)^{2}$

이때 $0<\dfrac{1}{2}<1$이므로

$\left(\dfrac{1}{2}\right)^{-5}>x>\left(\dfrac{1}{2}\right)^{2}$ $\qquad \therefore \dfrac{1}{4}<x<32$ $\qquad \cdots\cdots$ ㉡

㉠, ㉡의 공통부분은 $\dfrac{1}{4}<x<32$

따라서 $\alpha=\dfrac{1}{4},\ \beta=32$이므로 $\alpha\beta=8$

08 $x^{\log_2 x}<8x^2$의 양변에 밑이 2인 로그를 취하면

$\log_2 x^{\log_2 x}<\log_2 8x^2$

$\log_2 x\times \log_2 x<\log_2 8+\log_2 x^2$

$(\log_2 x)^2<3+2\log_2 x$

$(\log_2 x)^2-2\log_2 x-3<0$

진수는 양수이므로 $x>0$ $\qquad\qquad \cdots\cdots$ ㉠

$\log_2 x=t$로 놓으면 $t^2-2t-3<0$

$(t+1)(t-3)<0$ $\qquad \therefore -1<t<3$

즉, $-1<\log_2 x<3$이므로

$\log_2 2^{-1}<\log_2 x<\log_2 2^3$

이때 $2>1$이므로

$2^{-1}<x<2^3$

$\dfrac{1}{2}<x<8$

따라서 $\alpha=\dfrac{1}{2},\ \beta=8$이므로 $\alpha\beta=4$

01 ④	02 ③	03 ②	04 ④	05 ④
06 ③	07 ③	08 ①	09 ⑤	10 5시간
11 ①	12 ③	13 ②	14 ③	15 ⑤
16 ③	17 ⑤	18 ⑤	19 ①	20 ②
21 ⑤	22 ⑤	23 ②	24 ③	

01 ㄱ. 그래프는 점 $(0, 1)$을 지난다. (참)

ㄴ. $a > 1$일 때 x의 값이 증가하면 y의 값도 증가하고,
$0 < a < 1$일 때 x의 값이 증가하면 y의 값은 감소한다.
(거짓)

ㄷ. 정의역은 실수 전체의 집합이고, 치역은 양의 실수 전체의 집합이다. (참)

ㄹ. 그래프는 x축을 점근선으로 한다. (거짓)

따라서 옳은 것은 ㄱ, ㄷ이다.

02 직선 $y = x$ 위의 점은 x좌표와 y좌표가 서로 같다.

따라서 $a = 1$, $b = 2^1 = 2$,
$c = 2^2 = 4$이므로
$c - a - b = 4 - 1 - 2 = 1$
$\therefore \left(\dfrac{1}{2}\right)^{c-a-b} = \left(\dfrac{1}{2}\right)^1 = \dfrac{1}{2}$

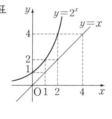

03 $y = a^x$의 그래프를 y축에 대하여 대칭이동하면
$y = a^{-x}$ ...... ㉠

㉠의 그래프를 x축의 방향으로 2만큼, y축의 방향으로 3만큼 평행이동하면
$y = a^{-(x-2)} + 3$ ...... ㉡

㉡의 그래프가 점 $(1, 5)$를 지나므로
$5 = a^{-(1-2)} + 3$, $a + 3 = 5$
$\therefore a = 2$

04 $A = (\sqrt{2})^3 = \left(2^{\frac{1}{2}}\right)^3 = 2^{\frac{3}{2}}$

$B = 0.5^{\frac{1}{3}} = (2^{-1})^{\frac{1}{3}} = 2^{-\frac{1}{3}}$

$C = \sqrt[3]{4} = \sqrt[3]{2^2} = 2^{\frac{2}{3}}$

이때 $2 > 1$이고 $-\dfrac{1}{3} < \dfrac{2}{3} < \dfrac{3}{2}$이므로

$2^{-\frac{1}{3}} < 2^{\frac{2}{3}} < 2^{\frac{3}{2}}$

$\therefore B < C < A$

05 $y = 4^x - 2^{x+a} + b = (2^x)^2 - 2^a \times 2^x + b$이므로

$2^x = t$ $(t > 0)$로 놓으면
$y = t^2 - 2^a \times t + b$ ...... ㉠

이때 ㉠은 $x = 1$, 즉 $t = 2$일 때 최솟값 3을 가지므로
$y = t^2 - 2^a \times t + b = (t - 2)^2 + 3$

즉, $t^2 - 2^a \times t + b = t^2 - 4t + 7$에서

$2^a = 4$, $b = 7$ $\quad \therefore a = 2$, $b = 7$

$\therefore a + b = 9$

06 $2^x > 0$, $2^y > 0$이므로 산술평균과 기하평균의 관계에 의하여

$2^x + 2^y \geq 2\sqrt{2^x \times 2^y}$
$= 2\sqrt{2^{x+y}}$
$= 2\sqrt{2^2} = 4$

(단, 등호는 $2^x = 2^y$, 즉 $x = y = 1$일 때 성립한다.)

따라서 $2^x + 2^y$의 최솟값은 4이다.

참고

산술평균과 기하평균의 관계

$x > 0$, $y > 0$일 때

$\dfrac{x+y}{2} \geq \sqrt{xy}$ (단, 등호는 $x = y$일 때 성립한다.)

07 $\left(\dfrac{2}{3}\right)^{x^2+1} = \left(\dfrac{3}{2}\right)^{-x-3}$에서 $\left(\dfrac{2}{3}\right)^{x^2+1} = \left(\dfrac{2}{3}\right)^{x+3}$

$x^2 + 1 = x + 3$ $\quad \therefore x^2 - x - 2 = 0$

$(x+1)(x-2) = 0$ $\quad \therefore x = -1$ 또는 $x = 2$

따라서 구하는 모든 x의 값의 합은 1이다.

08 $2^x - 6 + 2^{3-x} = 0$에서

$2^x - 6 + 8 \times \dfrac{1}{2^x} = 0$

양변에 2^x을 곱하면 $(2^x)^2 - 6 \times 2^x + 8 = 0$

$2^x = t$ $(t > 0)$로 놓으면

$t^2 - 6t + 8 = 0$, $(t-2)(t-4) = 0$

$\therefore t = 2$ 또는 $t = 4$

즉, $2^x = 2$ 또는 $2^x = 4$에서 $x = 1$ 또는 $x = 2$

이때 $\alpha < \beta$이므로 $\alpha = 1$, $\beta = 2$

$\therefore \alpha + 2\beta = 1 + 2 \times 2 = 5$

09 [1단계]

$25^x - 5^{x+1} + k = 0$에서 $5^{2x} - 5 \times 5^x + k = 0$

$5^x = t$ $(t > 0)$로 놓으면

$t^2 - 5t + k = 0$ ...... ㉠

주어진 방정식이 서로 다른 두 실근을 가지려면 이차방정식 ㉠이 서로 다른 두 양의 근을 가져야 한다.

[2단계]

(i) 이차방정식 ㉠의 판별식을 D라고 하면
$D = (-5)^2 - 4k > 0$에서 $4k < 25$
$\therefore k < \dfrac{25}{4}$

(ii) (두 근의 합) $= 5 > 0$

(iii) (두 근의 곱) $= k > 0$

(i)~(iii)에 의하여

$0 < k < \dfrac{25}{4}$

따라서 정수 k는 1, 2, 3, 4, 5, 6의 6개이다.

10 3시간 후 박테리아는 6400마리가 되므로

$100a^3 = 6400, a^3 = 64$ $\therefore a = 4$

x시간 후 박테리아가 102400마리가 된다고 하면

$100 \times 4^x = 102400, 4^x = 1024$

$2^{2x} = 2^{10}, 2x = 10$ $\therefore x = 5$

따라서 5시간 후 박테리아는 102400마리가 된다.

11 $(2^x - 8)(2^x - 32) < 0$에서 $8 < 2^x < 32$

$\therefore 2^3 < 2^x < 2^5$

이때 $2 > 1$이므로 $3 < x < 5$

따라서 자연수 x는 4의 1개이다.

12 $4^x = (2^x)^2$이므로 $2^x = t \ (t > 0)$로 놓으면 주어진 부등식은

$t^2 - 6t - 16 \leq 0, (t+2)(t-8) \leq 0$ $\therefore -2 \leq t \leq 8$

그런데 $t > 0$이므로 $0 < t \leq 8$ $\therefore 2^x \leq 2^3$

이때 $2 > 1$이므로 $x \leq 3$

따라서 자연수 x는 1, 2, 3의 3개이다.

13 $y = \log_4 (x-2) + 3$으로 놓으면

$y - 3 = \log_4 (x-2)$

$x - 2 = 4^{y-3}$ $\therefore x = 4^{y-3} + 2$

x와 y를 서로 바꾸면 $f(x)$의 역함수는

$g(x) = 4^{x-3} + 2$ $\therefore g(3) = 1 + 2 = 3$

14 $y = a + \log_2 (x-b)$의 그래프의 점근선의 방정식은 $x = b$

이므로 $b = 2$

$y = a + \log_2 (x-2)$의 그래프가 점 $(6, 3)$을 지나므로

$3 = a + \log_2 4, a + 2 = 3$ $\therefore a = 1$

$\therefore a + b = 3$

15 오른쪽 그림과 같이 $y = x$의 그래프 위에 점 A, C를, $y = \log_3 x$의 그래프 위에 점 B, D를 잡으면

$A(1, 1)$이므로 $B(a, 1)$

$y = \log_3 x$의 그래프가 점 $B(a, 1)$을 지나므로

$1 = \log_3 a$ $\therefore a = 3$

따라서 $C(3, 3)$이므로 $D(b, 3)$

또, $y = \log_3 x$의 그래프가 점 $D(b, 3)$을 지나므로

$3 = \log_3 b$ $\therefore b = 27$

$\therefore a + b = 30$

16 [1단계]

$y = \log_2 (6x - 12)$

$= \log_2 \{2 \times 3(x-2)\}$

$= \log_2 2 + \log_2 3(x-2)$

$= 1 + \log_2 3(x-2)$

$\therefore y - 1 = \log_2 3(x-2)$

[2단계]

위의 함수의 그래프는 함수 $y = \log_2 3x$의 그래프를 x축의 방향으로 2만큼, y축의 방향으로 1만큼 평행이동한 것이므로

$m = 2, n = 1$ $\therefore m + n = 3$

다른 풀이

$y = \log_2 3x$의 그래프를 x축의 방향으로 m만큼, y축의 방향으로 n만큼 평행이동한 그래프의 식은

$y = \log_2 3(x-m) + n = \log_2 3(x-m) + \log_2 2^n$

$= \log_2 \{2^n \times 3(x-m)\}$ ······ ㉠

㉠이 $y = \log_2 (6x - 12)$와 일치해야 하므로

$2^n \times 3(x-m) = 6x - 12 = 6(x-2)$

$2^n \times 3 = 6, m = 2$이므로 $n = 1, m = 2$

$\therefore m + n = 3$

17 $A = 2\log_{0.1} 2\sqrt{2} = \log_{0.1} 8$

$B = \log_{10} \dfrac{1}{16} = -\log_{10} 16 = \log_{0.1} 16$

$C = \log_{0.1} 2 - 1 = \log_{0.1} 2 - \log_{0.1} 0.1$

$= \log_{0.1} \dfrac{2}{0.1} = \log_{0.1} 20$

이때 $0 < 0.1 < 1$이고 $8 < 16 < 20$이므로

$\log_{0.1} 8 > \log_{0.1} 16 > \log_{0.1} 20$

$\therefore C < B < A$

18 $y = (\log_{\frac{1}{2}} x)^2 + \log_{\frac{1}{2}} x^2 + 3$에서

$y = (\log_{\frac{1}{2}} x)^2 + 2\log_{\frac{1}{2}} x + 3$

$\log_{\frac{1}{2}} x = t$로 놓으면 $y = t^2 + 2t + 3 = (t+1)^2 + 2$

이때 $\dfrac{1}{4} \leq x \leq 2$이므로

$\log_{\frac{1}{2}} \dfrac{1}{4} \geq \log_{\frac{1}{2}} x \geq \log_{\frac{1}{2}} 2$ $\therefore -1 \leq t \leq 2$

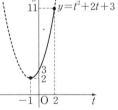

즉, $t = -1$에서 최솟값 2, $t = 2$에서 최댓값 11을 갖는다.

따라서 최댓값과 최솟값의 합은 $11 + 2 = 13$

19 [1단계]

$\log_3 \left(x + \dfrac{4}{y}\right) + \log_3 \left(y + \dfrac{1}{x}\right)$

$= \log_3 \left(x + \dfrac{4}{y}\right)\left(y + \dfrac{1}{x}\right)$

$= \log_3 \left(xy + \dfrac{4}{xy} + 5\right)$

[2단계]

$x>0, y>0$이므로 산술평균과 기하평균의 관계에 의하여

$$xy+\frac{4}{xy}+5\geq 2\sqrt{xy\times\frac{4}{xy}}+5$$

$$=9\,(\text{단, 등호는 } xy=2 \text{일 때 성립한다.})$$

$$\therefore \log_3\left(x+\frac{4}{y}\right)+\log_3\left(y+\frac{1}{x}\right)\geq \log_3 9=\log_3 3^2$$

$$=2$$

따라서 $\log_3\left(x+\frac{4}{y}\right)+\log_3\left(y+\frac{4}{x}\right)$의 최솟값은 2이다.

20 진수는 양수이므로 $x-1>0,\ 4x-7>0$

$$\therefore x>\frac{7}{4} \qquad\qquad \cdots\cdots ㉠$$

방정식의 우변을 밑이 3인 로그의 꼴로 바꾸면

$$\log_3(x-1)+\log_3(4x-7)=\log_3 3^3$$

$$\log_3(x-1)(4x-7)=\log_3 27$$

$$(x-1)(4x-7)=27,\ 4x^2-11x-20=0$$

$$(4x+5)(x-4)=0 \qquad \therefore x=-\frac{5}{4} \text{ 또는 } x=4$$

따라서 ㉠에 의하여 구하는 해는 $x=4$

21 진수는 양수이므로 $x-3>0,\ x-1>0$

$$\therefore x>3 \qquad\qquad \cdots\cdots ㉠$$

$2\log_{\frac{1}{2}}(x-3)>\log_{\frac{1}{2}}(x-1)$에서

$$\log_{\frac{1}{2}}(x-3)^2>\log_{\frac{1}{2}}(x-1)$$

이때 $0<\frac{1}{2}<1$이므로

$$(x-3)^2<x-1,\ x^2-7x+10<0$$

$$(x-2)(x-5)<0 \qquad \therefore 2<x<5 \qquad \cdots\cdots ㉡$$

㉠, ㉡의 공통부분은 $3<x<5$

따라서 $\alpha=3,\ \beta=5$이므로 $\alpha\beta=15$

22 진수는 양수이므로 $x>0$ $\qquad\qquad \cdots\cdots ㉠$

$(\log_2 x)^2-\log_2 x^5+6<0$에서

$$(\log_2 x)^2-5\log_2 x+6<0$$

$\log_2 x=t$로 놓으면 주어진 부등식은

$$t^2-5t+6<0,\ (t-2)(t-3)<0$$

$$\therefore 2<t<3$$

즉, $2<\log_2 x<3$이므로 $\log_2 2^2<\log_2 x<\log_2 2^3$

이때 $2>1$이므로 $2^2<x<2^3$

$$\therefore 4<x<8 \qquad\qquad \cdots\cdots ㉡$$

㉠, ㉡의 공통부분은 $4<x<8$

따라서 $\alpha=4,\ \beta=8$이므로 $\alpha\beta=32$

23 $(1+\log_2 x)(a-\log_2 x)>0$의 해가 $\frac{1}{2}<x<4$이므로

$$\log_2\frac{1}{2}<\log_2 x<\log_2 4$$

$$\therefore -1<\log_2 x<2$$

$$\therefore (\log_2 x+1)(\log_2 x-2)<0 \qquad \cdots\cdots ㉠$$

$(1+\log_2 x)(a-\log_2 x)>0$에서

$$(\log_2 x+1)(\log_2 x-a)<0 \qquad \cdots\cdots ㉡$$

㉠과 ㉡이 일치해야 하므로 $a=2$

24 불순물의 양을 a로 놓으면 이 여과 장치를 n번 통과시켰을 때 불순물의 양은 $a(1-0.1)^n$이므로

$$a(1-0.1)^n\leq 0.01a,\ 0.9^n\leq 0.01$$

양변에 상용로그를 취하면 $n\log 0.9\leq\log 0.01$

$$n(\log 9-1)\leq -2,\ n(1-2\log 3)\geq 2$$

$$n\geq\frac{2}{1-2\log 3}=\frac{2}{0.0458}$$

$$=43.6\times\times\times$$

따라서 여과 장치를 최소한 44번 통과시켜야 한다.

▨ 08 일반각과 호도법 p. 28

01 (1) $360°n+40°$ (n은 정수)

　　(2) $360°n+340°$ (n은 정수)

02 ③　　**03** ③

04 (1) $\frac{\pi}{3}$ (2) $-\frac{5}{6}\pi$ (3) $225°$ (4) $-120°$　**05** ④

06 ④　　**07** (1) $\frac{\pi}{2}$ (2) $\frac{3}{4}\pi$　**08** ③

---

01 (1) $760°=360°\times 2+40°$에서 $40°$와 동경이 일치하므로 일반각은

$$360°n+40° \,(\text{단, } n\text{은 정수이다.})$$

(2) $-380°=360°\times(-2)+340°$에서 $340°$와 동경이 일치하므로 일반각은

$$360°n+340° \,(\text{단, } n\text{은 정수이다.})$$

02 ① $-690°=360°\times(-2)+30°$이므로 제1사분면의 각이다.

② $820°=360°\times 2+100°$이므로 제2사분면의 각이다.

③ $-530°=360°\times(-2)+190°$이므로 제3사분면의 각이다.

④ $660°=360°\times 1+300°$이므로 제4사분면의 각이다.

⑤ $-1020°=360°\times(-3)+60°$이므로 제1사분면의 각이다.

따라서 제3사분면의 각은 ③이다.

03 θ가 제2사분면의 각이므로

$$360°n+90°<\theta<360°n+180° \,(\text{단, } n\text{은 정수이다.})$$

$$\therefore 120°n+30°<\frac{\theta}{3}<120°n+60°$$

(i) $n=3k$ (k는 정수)일 때

$$120°\times 3k+30°<\frac{\theta}{3}<120°\times 3k+60°$$

$$\therefore 360°k+30°<\frac{\theta}{3}<360°k+60°$$

따라서 $\dfrac{\theta}{3}$는 제1사분면의 각이다.

(ii) $n=3k+1$ (k는 정수)일 때

$120°(3k+1)+30°<\dfrac{\theta}{3}<120°(3k+1)+60°$

$\therefore 360°k+150°<\dfrac{\theta}{3}<360°k+180°$

따라서 $\dfrac{\theta}{3}$는 제2사분면의 각이다.

(iii) $n=3k+2$ (k는 정수)일 때

$120°(3k+2)+30°<\dfrac{\theta}{3}<120°(3k+2)+60°$

$\therefore 360°k+270°<\dfrac{\theta}{3}<360°k+300°$

따라서 $\dfrac{\theta}{3}$는 제4사분면의 각이다.

(i)~(iii)에 의하여 $\dfrac{\theta}{3}$의 동경이 존재할 수 없는 사분면은

제3사분면이다.

04 (1) $60°=60\times\dfrac{\pi}{180}=\dfrac{\pi}{3}$

(2) $-150°=-150\times\dfrac{\pi}{180}=-\dfrac{5}{6}\pi$

(3) $\dfrac{5}{4}\pi=\dfrac{5}{4}\pi\times\dfrac{180°}{\pi}=225°$

(4) $-\dfrac{2}{3}\pi=-\dfrac{2}{3}\pi\times\dfrac{180°}{\pi}=-120°$

05 각 θ를 나타내는 동경과 각 4θ를 나타내는 동경이 일치하므로

$4\theta-\theta=2n\pi$ (단, n은 정수이다.)

$3\theta=2n\pi$ $\therefore \theta=\dfrac{2n}{3}\pi$ ······ ㉠

$0<\theta<\pi$에서 $0<\dfrac{2n}{3}\pi<\pi$이므로

$0<n<\dfrac{3}{2}$ $\therefore n=1$

이 값을 ㉠에 대입하면 $\theta=\dfrac{2}{3}\pi$

06 각 θ를 나타내는 동경과 각 7θ를 나타내는 동경이 원점에 대하여 대칭이므로

$7\theta-\theta=2n\pi+\pi$ (단, n은 정수이다.)

$6\theta=2n\pi+\pi$

$\therefore \theta=\dfrac{2n+1}{6}\pi$ ······ ㉠

$\dfrac{\pi}{2}<\theta<\pi$에서 $\dfrac{\pi}{2}<\dfrac{2n+1}{6}\pi<\pi$

$3<2n+1<6$

$1<n<\dfrac{5}{2}$ $\therefore n=2$

이 값을 ㉠에 대입하면 $\theta=\dfrac{5}{6}\pi$

07 부채꼴의 반지름의 길이를 r, 중심각의 크기를 θ, 호의 길

이를 l, 넓이를 S라고 하면

(1) $r=3$, $\theta=\dfrac{\pi}{6}$이므로

$l=r\theta=3\times\dfrac{\pi}{6}=\dfrac{\pi}{2}$

(2) $S=\dfrac{1}{2}rl=\dfrac{1}{2}\times3\times\dfrac{\pi}{2}=\dfrac{3}{4}\pi$

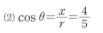 다른 풀이

(2) $S=\dfrac{1}{2}r^2\theta=\dfrac{1}{2}\times3^2\times\dfrac{\pi}{6}=\dfrac{3}{4}\pi$

08 부채꼴의 반지름의 길이를 r, 중심각의 크기를 θ, 호의 길

이를 l, 넓이를 S라고 하면

$l=\pi$, $S=\dfrac{3}{4}\pi$

$S=\dfrac{1}{2}rl$에서 $\dfrac{3}{4}\pi=\dfrac{1}{2}r\times\pi$

$\therefore r=\dfrac{3}{2}$

$l=r\theta$에서 $\pi=\dfrac{3}{2}\theta$ $\therefore \theta=\dfrac{2}{3}\pi$

■ **09 삼각함수** p. 30

01 (1) $-\dfrac{3}{5}$ (2) $\dfrac{4}{5}$ (3) $-\dfrac{3}{4}$

02 $\sin\theta=\dfrac{\sqrt{2}}{2}$, $\cos\theta=-\dfrac{\sqrt{2}}{2}$, $\tan\theta=-1$

03 (1) 제3사분면 (2) 제1사분면 (3) 제2사분면

04 ②   **05** ④   **06** ⑤   **07** ①   **08** ②

---

01 점 $P(4, -3)$에 대하여 $x=4$, $y=-3$

$r=\overline{OP}=\sqrt{4^2+(-3)^2}=5$

(1) $\sin\theta=\dfrac{y}{r}=-\dfrac{3}{5}$

(2) $\cos\theta=\dfrac{x}{r}=\dfrac{4}{5}$

(3) $\tan\theta=\dfrac{y}{x}=-\dfrac{3}{4}$

02 오른쪽 그림과 같이 반지름의 길이가 1인 단위원과 $\theta=\dfrac{3}{4}\pi$를 나타내는 동경의 교점을 P, 점 P에서 x축에 내린 수선의 발을 H라고 하자.

직각삼각형 PHO에서 $\overline{OP}=1$,

$\angle POH=\dfrac{\pi}{4}$이므로 점 P의 좌표는

$\left(-\dfrac{\sqrt{2}}{2}, \dfrac{\sqrt{2}}{2}\right)$

$\therefore \sin\theta=\dfrac{\sqrt{2}}{2}$, $\cos\theta=-\dfrac{\sqrt{2}}{2}$, $\tan\theta=-1$

03 (1) $\sin\theta<0$이므로 각 θ는 제3사분면 또는 제4사분면의 각이다.

$\cos\theta<0$이므로 각 θ는 제2사분면 또는 제3사분면의 각이다.

따라서 각 θ는 제3사분면의 각이다.

(2) $\cos\theta>0$이므로 각 θ는 제1사분면 또는 제4사분면의 각이다.

$\tan\theta>0$이므로 각 θ는 제1사분면 또는 제3사분면의 각이다.

따라서 각 θ는 제1사분면의 각이다.

(3) $\sin\theta>0$이므로 각 θ는 제1사분면 또는 제2사분면의 각이다.

$\tan\theta<0$이므로 각 θ는 제2사분면 또는 제4사분면의 각이다.

따라서 각 θ는 제2사분면의 각이다.

04 $\cos\theta\tan\theta>0$이므로 $\cos\theta$와 $\tan\theta$의 부호는 같다.

이때 $\cos\theta+\tan\theta<0$이므로

$\cos\theta<0$, $\tan\theta<0$

따라서 θ는 제2사분면의 각이다.

05 θ가 제2사분면의 각이므로

$\sin\theta>0$, $\cos\theta<0$, $\sin\theta-\cos\theta>0$

$\therefore |\sin\theta-\cos\theta|+\cos\theta+\sqrt{\sin^2\theta}$

$\quad=|\sin\theta-\cos\theta|+\cos\theta+|\sin\theta|$

$\quad=\sin\theta-\cos\theta+\cos\theta+\sin\theta$

$\quad=2\sin\theta$

06 $\dfrac{\cos\theta}{1-\sin\theta}+\dfrac{\cos\theta}{1+\sin\theta}$

$=\dfrac{\cos\theta(1+\sin\theta)+\cos\theta(1-\sin\theta)}{(1-\sin\theta)(1+\sin\theta)}$

$=\dfrac{\cos\theta+\cos\theta\sin\theta+\cos\theta-\cos\theta\sin\theta}{1-\sin^2\theta}$

$=\dfrac{2\cos\theta}{\cos^2\theta}$

$=\dfrac{2}{\cos\theta}$

07 θ가 제2사분면의 각이므로 $\sin\theta>0$

$\sin\theta=\sqrt{1-\cos^2\theta}=\sqrt{1-\left(-\dfrac{4}{5}\right)^2}=\dfrac{3}{5}$

$\tan\theta=\dfrac{\sin\theta}{\cos\theta}=\dfrac{\dfrac{3}{5}}{-\dfrac{4}{5}}=-\dfrac{3}{4}$

$\therefore \sin\theta+\tan\theta=\dfrac{3}{5}+\left(-\dfrac{3}{4}\right)=-\dfrac{3}{20}$

08 $\sin\theta+\cos\theta=\dfrac{5}{4}$의 양변을 제곱하면

$(\sin\theta+\cos\theta)^2=\dfrac{25}{16}$

$\sin^2\theta+2\sin\theta\cos\theta+\cos^2\theta=\dfrac{25}{16}$

$1+2\sin\theta\cos\theta=\dfrac{25}{16}$, $2\sin\theta\cos\theta=\dfrac{9}{16}$

$\therefore \sin\theta\cos\theta=\dfrac{9}{32}$

실력 확인 문제 08 09 p. 32

01 ⑤	02 ④	03 ④	04 ⑤	05 ②
06 ①	07 ②	08 ④	09 ③	10 ③
11 14	12 ⑤			

01 ① $\dfrac{3}{2}\pi=\dfrac{3}{2}\pi\times\dfrac{180°}{\pi}=270°$

② $135°=135\times\dfrac{\pi}{180}=\dfrac{3}{4}\pi$

③ $108°=108\times\dfrac{\pi}{180}=\dfrac{3}{5}\pi$

④ $\dfrac{13}{12}\pi=\dfrac{13}{12}\pi\times\dfrac{180°}{\pi}=195°$

⑤ $\dfrac{4}{3}\pi=\dfrac{4}{3}\pi\times\dfrac{180°}{\pi}=240°$

따라서 옳지 않은 것은 ⑤이다.

02 ① $550°=360°\times1+190°$이므로 제3사분면의 각이다.

② $\dfrac{9}{4}\pi=2\pi\times1+\dfrac{\pi}{4}$는 제1사분면의 각이다.

③ $855°=360°\times2+135°$이므로 제2사분면의 각이다.

④ $-60°=360°\times(-1)+300°$이므로 제4사분면의 각이다.

⑤ $\dfrac{7}{3}\pi=2\pi\times1+\dfrac{\pi}{3}$이므로 제1사분면의 각이다.

따라서 제4사분면의 각은 ④이다.

03 θ가 제4사분면의 각이므로

$2n\pi+\dfrac{3}{2}\pi<\theta<2n\pi+2\pi$ (단, n은 정수이다.)

$\therefore n\pi+\dfrac{3}{4}\pi<\dfrac{\theta}{2}<n\pi+\pi$

(i) $n=2k$ (k는 정수)일 때

$2k\pi+\dfrac{3}{4}\pi<\dfrac{\theta}{2}<2k\pi+\pi$이므로 $\dfrac{\theta}{2}$는 제2사분면의 각이다.

(ii) $n=2k+1$ (k는 정수)일 때

$(2k+1)\pi+\dfrac{3}{4}\pi<\dfrac{\theta}{2}<(2k+1)\pi+\pi$

$2k\pi+\dfrac{7}{4}\pi<\dfrac{\theta}{2}<2k\pi+2\pi$이므로 $\dfrac{\theta}{2}$는 제4사분면의 각이다.

(i), (ii)에 의하여 $\dfrac{\theta}{2}$의 동경이 존재할 수 있는 사분면은 제2, 4사분면이다.

04 각 θ를 나타내는 동경과 각 5θ를 나타내는 동경이 x축에 대하여 대칭이므로

$\theta + 5\theta = 2n\pi$ (단, n은 정수이다.)

$6\theta = 2n\pi$　　$\therefore \theta = \dfrac{n}{3}\pi$　　　　$\cdots\cdots$ ㉠

$\pi < \theta < \dfrac{3}{2}\pi$이므로 $\pi < \dfrac{n}{3}\pi < \dfrac{3}{2}\pi$

$3 < n < \dfrac{9}{2}$　　$\therefore n = 4$

이 값을 ㉠에 대입하면 $\theta = \dfrac{4}{3}\pi$

05 부채꼴의 반지름의 길이를 r, 중심각의 크기를 θ, 호의 길이를 l, 넓이를 S라고 하면

$\theta = 45° = \dfrac{\pi}{4}$, $l = 2\pi$이므로 $l = r\theta$에서

$2\pi = r \times \dfrac{\pi}{4}$　　$\therefore r = 8$

$\therefore S = \dfrac{1}{2}rl = \dfrac{1}{2} \times 8 \times 2\pi$

　　$= 8\pi$

06 부채꼴의 반지름의 길이를 r cm, 호의 길이를 l cm라고 하면 둘레의 길이가 40 cm이므로

$2r + l = 40$　　$\therefore l = 40 - 2r$

부채꼴의 넓이를 S cm²라고 하면

$S = \dfrac{1}{2}rl = \dfrac{1}{2}r(40 - 2r)$

　　$= -r^2 + 20r$

　　$= -(r - 10)^2 + 100$ (단, $0 < r < 20$)

따라서 $r = 10$(cm)일 때 부채꼴의 넓이는 최대가 된다.

$r = 10$이면 $l = 40 - 2r = 20$이므로 $20 = 10\theta$

$\therefore \theta = 2$

07 오른쪽 그림과 같이 직선 $y = -\dfrac{4}{3}x$ 위의 점 P의 좌표를 $(-3, 4)$로 놓으면

$\overline{OP} = \sqrt{(-3)^2 + 4^2} = 5$

이므로

$\cos\theta = -\dfrac{3}{5}$, $\tan\theta = -\dfrac{4}{3}$

$\therefore 5\cos\theta + 3\tan\theta = 5 \times \left(-\dfrac{3}{5}\right) + 3 \times \left(-\dfrac{4}{3}\right)$

　　　　　　　　　　$= (-3) + (-4)$

　　　　　　　　　　$= -7$

08 $\sin\theta \cos\theta < 0$이므로

$\sin\theta < 0$, $\cos\theta > 0$ 또는 $\sin\theta > 0$, $\cos\theta < 0$

$\therefore$ 제4사분면 또는 제2사분면

$\sin\theta \tan\theta > 0$이므로

$\sin\theta > 0$, $\tan\theta > 0$ 또는 $\sin\theta < 0$, $\tan\theta < 0$

$\therefore$ 제1사분면 또는 제4사분면

따라서 주어진 조건을 동시에 만족시키는 각 θ는 제4사분면의 각이다.

09 θ가 제3사분면의 각이므로

$\sin\theta < 0$, $\cos\theta < 0$, $\cos\theta + \sin\theta < 0$

$\therefore |\sin\theta| + \sqrt{\cos^2\theta} - \sqrt{(\cos\theta + \sin\theta)^2}$

　$= |\sin\theta| + |\cos\theta| - |\cos\theta + \sin\theta|$

　$= -\sin\theta - \cos\theta + \cos\theta + \sin\theta$

　$= 0$

10 $\dfrac{\cos^2\theta - \sin^2\theta}{1 - 2\sin\theta\cos\theta} - \dfrac{1 + \tan\theta}{1 - \tan\theta}$

$= \dfrac{\cos^2\theta - \sin^2\theta}{\sin^2\theta + \cos^2\theta - 2\sin\theta\cos\theta} - \dfrac{1 + \dfrac{\sin\theta}{\cos\theta}}{1 - \dfrac{\sin\theta}{\cos\theta}}$

$= \dfrac{(\cos\theta + \sin\theta)(\cos\theta - \sin\theta)}{(\cos\theta - \sin\theta)^2} - \dfrac{\cos\theta + \sin\theta}{\cos\theta - \sin\theta}$

$= \dfrac{\cos\theta + \sin\theta}{\cos\theta - \sin\theta} - \dfrac{\cos\theta + \sin\theta}{\cos\theta - \sin\theta}$

$= 0$

11 [1단계]

$\dfrac{\sin^2\theta}{\cos^2\theta} + \dfrac{\cos^2\theta}{\sin^2\theta} = \dfrac{\sin^4\theta + \cos^4\theta}{\cos^2\theta\sin^2\theta}$

[2단계]

$\sin\theta + \cos\theta = \dfrac{\sqrt{2}}{2}$의 양변을 제곱하면

$\sin^2\theta + 2\sin\theta\cos\theta + \cos^2\theta = \dfrac{1}{2}$

$1 + 2\sin\theta\cos\theta = \dfrac{1}{2}$

$\therefore \sin\theta\cos\theta = -\dfrac{1}{4}$

$\sin^4\theta + \cos^4\theta = (\sin^2\theta + \cos^2\theta)^2 - 2\sin^2\theta\cos^2\theta$

　　　　　　　　$= 1^2 - 2 \times \left(-\dfrac{1}{4}\right)^2 = \dfrac{7}{8}$

[3단계]

$\therefore \dfrac{\sin^2\theta}{\cos^2\theta} + \dfrac{\cos^2\theta}{\sin^2\theta} = \dfrac{\sin^4\theta + \cos^4\theta}{\cos^2\theta\sin^2\theta}$

　　　　　　　　　　$= \dfrac{\dfrac{7}{8}}{\left(-\dfrac{1}{4}\right)^2} = 14$

12 이차방정식 $3x^2 + x + a = 0$의 두 근이 $\sin\theta$, $\cos\theta$이므로 근과 계수의 관계에 의하여

$\sin\theta + \cos\theta = -\dfrac{1}{3}$　　　　$\cdots\cdots$ ㉠

$\sin\theta\cos\theta = \dfrac{a}{3}$　　　　　　$\cdots\cdots$ ㉡

㉠의 양변을 제곱하면

$\sin^2\theta + 2\sin\theta\cos\theta + \cos^2\theta = \dfrac{1}{9}$

$1 + 2\sin\theta\cos\theta = \dfrac{1}{9}$

$$\therefore \sin\theta\cos\theta = -\frac{4}{9}$$

ⓛ에서 $\frac{a}{3} = -\frac{4}{9}$

$$\therefore a = -\frac{4}{3}$$

■ 10 삼각함수의 그래프　　　　p. 34

01 (1) π　(2) 2π　(3) $\frac{\pi}{2}$

02 (1) 최댓값: 1, 최솟값: -5　(2) 최댓값: 4, 최솟값: 2

03 $x = \frac{n}{2}\pi + \frac{\pi}{4}$ (n은 정수)　　04 ④　　05 ③

06 ①　　07 (1) $\frac{1}{2}$　(2) $-\frac{1}{2}$　(3) $\frac{1}{2}$　(4) $-\sqrt{3}$

08 (1) 1　(2) 0

---

01 (1) $\frac{2\pi}{2} = \pi$

　　(2) $\frac{2\pi}{1} = 2\pi$

　　(3) $\frac{\pi}{2}$

02 (1) (최댓값) $= 3-2 = 1$

　　　 (최솟값) $= -3-2 = -5$

　　(2) (최댓값) $= |-1|+3 = 4$

　　　 (최솟값) $= -|-1|+3 = 2$

03 점근선의 방정식은

　　$2x = n\pi + \frac{\pi}{2}$ (단, n은 정수이다.)

　　$\therefore x = \frac{n}{2}\pi + \frac{\pi}{4}$

04 ① 주기는 $\frac{2\pi}{2} = \pi$

　　② 최댓값은 $2-1 = 1$이다.

　　③ 최솟값은 $-2-1 = -3$이다.

　　④ $y = 2\sin 2x - 1$의 그래프는 $y = 2\sin 2x$의 그래프를
　　　 y축의 방향으로 -1만큼 평행이동한 것이므로 점
　　　 $(0, -1)$에 대하여 대칭이다.

　　⑤ $y = 2\sin 2x$의 그래프를 평행이동하면 겹칠 수 있다.
　　따라서 옳지 않은 것은 ④이다.

05 함수 $f(x) = a\cos bx + c$의 최댓값이 1, 최솟값이 -3,
　　$a > 0$이므로
　　$a+c = 1$, $-a+c = -3$
　　위의 두 식을 연립하여 풀면

$a = 2$, $c = -1$
또, 주기가 π이고 $b > 0$이므로

$$\frac{2\pi}{b} = \pi \qquad \therefore b = 2$$

$$\therefore a+b+c = 2+2-1 = 3$$

06 함수 $y = a\sin bx + c$의 그래프에서 최댓값이 2, 최솟값이
　　0이고 $a > 0$이므로
　　$a+c = 2$, $-a+c = 0$
　　위의 두 식을 연립하여 풀면
　　$a = 1$, $c = 1$
　　또, 주기가 π이고 $b > 0$이므로

$$\frac{2\pi}{b} = \pi \qquad \therefore b = 2$$

$$\therefore abc = 2$$

07 (1) $\sin 870° = \sin(360° \times 2 + 150°)$
　　　　　　　 $= \sin 150°$
　　　　　　　 $= \sin(180° - 30°)$
　　　　　　　 $= \sin 30° = \frac{1}{2}$

　　(2) $\cos\frac{4}{3}\pi = \cos\left(\pi + \frac{\pi}{3}\right)$
　　　　　　　 $= -\cos\frac{\pi}{3} = -\frac{1}{2}$

　　(3) $\cos\left(-\frac{7}{3}\pi\right) = \cos\frac{7}{3}\pi$
　　　　　　　 $= \cos\left(2\pi + \frac{\pi}{3}\right)$
　　　　　　　 $= \cos\frac{\pi}{3} = \frac{1}{2}$

　　(4) $\tan 480° = \tan(360° + 120°)$
　　　　　　　 $= \tan 120°$
　　　　　　　 $= \tan(90° + 30°)$
　　　　　　　 $= -\frac{1}{\tan 30°}$
　　　　　　　 $= -\frac{1}{\frac{1}{\sqrt{3}}}$
　　　　　　　 $= -\sqrt{3}$

08 (1) $\cos\left(\frac{\pi}{2} + \frac{\pi}{6}\right) + \sin\left(\frac{\pi}{2} - \frac{\pi}{3}\right) + \tan\left(\pi + \frac{\pi}{4}\right)$
　　　 $= -\sin\frac{\pi}{6} + \cos\frac{\pi}{3} + \tan\frac{\pi}{4}$
　　　 $= -\frac{1}{2} + \frac{1}{2} + 1 = 1$

　　(2) $\sin\left(\frac{\pi}{2} + \theta\right) + \cos(\pi - \theta) + \sin(\pi + \theta)$
　　　　　　　　　　　　　 $+ \cos\left(\frac{3}{2}\pi + \theta\right)$
　　　 $= \cos\theta - \cos\theta - \sin\theta + \sin\theta$
　　　 $= 0$

01 ⑤　　**02** ④　　**03** ①

04 (1) $x=\dfrac{\pi}{3}$ 또는 $x=\dfrac{2}{3}\pi$　(2) $x=\dfrac{2}{3}\pi$ 또는 $x=\dfrac{4}{3}\pi$

　　(3) $x=\dfrac{\pi}{4}$ 또는 $x=\dfrac{5}{4}\pi$

05 ④　　**06** ②, ④

07 (1) $\dfrac{\pi}{4}<x<\dfrac{3}{4}\pi$　(2) $\dfrac{5}{6}\pi\leq x\leq\dfrac{7}{6}\pi$

　　(3) $\dfrac{\pi}{3}<x<\dfrac{\pi}{2}$ 또는 $\dfrac{4}{3}\pi<x<\dfrac{3}{2}\pi$

08 (1) $\dfrac{\pi}{12}<x<\pi$　(2) $\dfrac{\pi}{6}\leq x\leq\dfrac{5}{6}\pi$

---

01 $y=|2\sin x-1|-1$에서

$\sin x=t\ (-1\leq t\leq 1)$로 놓으면

$y=|2t-1|-1$

따라서 오른쪽 그림에서

$t=-1$일 때 최댓값 2,

$t=\dfrac{1}{2}$일 때 최솟값 -1을 가지므

로

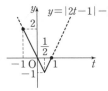

$M=2,\ m=-1$

$\therefore M+m=1$

[다른 풀이]

$-1\leq\sin x\leq 1$이므로 $-2\leq 2\sin x\leq 2$

$-3\leq 2\sin x-1\leq 1,\ 0\leq|2\sin x-1|\leq 3$

$\therefore -1\leq|2\sin x-1|-1\leq 2$

따라서 최댓값 2, 최솟값은 -1이므로

$M=2,\ m=-1$

$\therefore M+m=1$

02 $y=-\cos^2 x+4\sin x+2$

$\ \ =-(1-\sin^2 x)+4\sin x+2$

$\ \ =\sin^2 x+4\sin x+1$

이때 $\sin x=t\ (-1\leq t\leq 1)$로

놓으면

$y=t^2+4t+1$

$\ \ =(t+2)^2-3$

따라서 오른쪽 그림에서

$t=1$일 때 최댓값 6,

$t=-1$일 때 최솟값 -2를 가지

므로

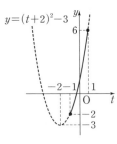

$M=6,\ m=-2$

$\therefore M+m=4$

03 $\cos x=t\ (-1\leq t\leq 1)$로 놓으면

$y=\dfrac{-t+4}{t+2}=\dfrac{6}{t+2}-1$

오른쪽 그림에서 $t=-1$일 때

최댓값 5, $t=1$일 때 최솟값 1을 가지

므로 치역은

$\{y\,|\,1\leq y\leq 5\}$

따라서 $\alpha=1,\ \beta=5$이므로

$\beta-\alpha=4$

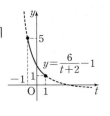

04 (1) $\sin x=\dfrac{\sqrt{3}}{2}$의 해는

곡선 $y=\sin x$와 직선

$y=\dfrac{\sqrt{3}}{2}$의 교점의 x좌표와

같으므로 오른쪽 그림에서

$x=\dfrac{\pi}{3}$ 또는 $x=\pi-\dfrac{\pi}{3}=\dfrac{2}{3}\pi$

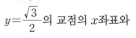

(2) $\cos x=-\dfrac{1}{2}$의 해는

곡선 $y=\cos x$와 직선

$y=-\dfrac{1}{2}$의 교점의 x좌표

와 같으므로 오른쪽 그림

에서

$x=\pi-\dfrac{\pi}{3}=\dfrac{2}{3}\pi$ 또는 $x=\pi+\dfrac{\pi}{3}=\dfrac{4}{3}\pi$

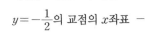

(3) $\tan x=1$의 해는 곡선

$y=\tan x$와 직선 $y=1$의

교점의 x좌표와 같으므로

오른쪽 그림에서

$x=\dfrac{\pi}{4}$ 또는 $x=\pi+\dfrac{\pi}{4}=\dfrac{5}{4}\pi$

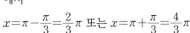

05 $2\cos\left(x+\dfrac{\pi}{6}\right)=\sqrt{3}$에서 $x+\dfrac{\pi}{6}=t$로 놓으면

$2\cos t=\sqrt{3}$　$\therefore \cos t=\dfrac{\sqrt{3}}{2}$

한편, $0\leq x<2\pi$이므로 $\dfrac{\pi}{6}\leq x+\dfrac{\pi}{6}<\dfrac{13}{6}\pi$

$\therefore \dfrac{\pi}{6}\leq t<\dfrac{13}{6}\pi$

오른쪽 그림에서 방정식

$\cos t=\dfrac{\sqrt{3}}{2}$의 해는

$t=\dfrac{\pi}{6}$ 또는 $t=\dfrac{11}{6}\pi$

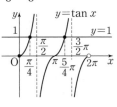

(ⅰ) $t=\dfrac{\pi}{6}$일 때

$\quad x+\dfrac{\pi}{6}=\dfrac{\pi}{6}$　　$\therefore x=0$

(ⅱ) $t=\dfrac{11}{6}\pi$일 때

$\quad x+\dfrac{\pi}{6}=\dfrac{11}{6}\pi$　　$\therefore x=\dfrac{5}{3}\pi$

(ⅰ), (ⅱ)에서 주어진 방정식을 만족시키는 모든 x의 값의 합은

$0+\dfrac{5}{3}\pi=\dfrac{5}{3}\pi$

06 $\cos^2 x = 1 - \sin^2 x$이므로

$2(1 - \sin^2 x) - \sin x - 1 = 0$

$2\sin^2 x + \sin x - 1 = 0$

$(2\sin x - 1)(\sin x + 1) = 0$

$\therefore \sin x = \dfrac{1}{2}$ 또는 $\sin x = -1$

오른쪽 그림에서 방정식

$\sin x = \dfrac{1}{2}$의 해는

$x = \dfrac{\pi}{6}$ 또는 $x = \dfrac{5}{6}\pi$

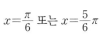

방정식 $\sin x = -1$의 해는

$x = \dfrac{3}{2}\pi$

따라서 주어진 방정식의 해가 아닌 것은 ②, ④이다.

07 (1) $\sin x > \dfrac{\sqrt{2}}{2}$의 해는

$y = \sin x$의 그래프가 직선

$y = \dfrac{1}{2}$보다 위쪽에 있는

x의 값의 범위이므로 오른

쪽 그림에서

$\dfrac{\pi}{4} < x < \dfrac{3}{4}\pi$

(2) $\cos x \leq -\dfrac{\sqrt{3}}{2}$의 해는

$y = \cos x$의 그래프가

직선 $y = -\dfrac{\sqrt{3}}{2}$과 만나

거나 아래쪽에 있는 x의

값의 범위이므로 오른쪽

그림에서

$\dfrac{5}{6}\pi \leq x \leq \dfrac{7}{6}\pi$

(3) $\tan x > \sqrt{3}$의 해는

$y = \tan x$의 그래프가

직선 $y = \sqrt{3}$보다 위쪽에 있는

x의 값의 범위이므로 오른쪽

그림에서

$\dfrac{\pi}{3} < x < \dfrac{\pi}{2}$ 또는 $\dfrac{4}{3}\pi < x < \dfrac{3}{2}\pi$

08 (1) $x + \dfrac{\pi}{6} = t$로 놓으면 $\cos t < \dfrac{\sqrt{2}}{2}$

$0 \leq x < \pi$에서 $\dfrac{\pi}{6} \leq x + \dfrac{\pi}{6} < \dfrac{7}{6}\pi$이므로

$\dfrac{\pi}{6} \leq t < \dfrac{7}{6}\pi$

오른쪽 그림에서 부등식

$\cos t < \dfrac{\sqrt{2}}{2}$의 해는

$\dfrac{\pi}{4} < t < \dfrac{7}{6}\pi$이므로

$\dfrac{\pi}{4} < x + \dfrac{\pi}{6} < \dfrac{7}{6}\pi$

$\therefore \dfrac{\pi}{12} < x < \pi$

(2) $2\cos^2 x + 3\sin x - 3 \geq 0$에서

$2(1 - \sin^2 x) + 3\sin x - 3 \geq 0$

$2\sin^2 x - 3\sin x + 1 \leq 0$

$(2\sin x - 1)(\sin x - 1) \leq 0$

$\therefore \dfrac{1}{2} \leq \sin x \leq 1$

오른쪽 그림에서 부등식

$\dfrac{1}{2} \leq \sin x \leq 1$의 해는

$\dfrac{\pi}{6} \leq x \leq \dfrac{5}{6}\pi$

실력 확인 문제 10 11 p. 38

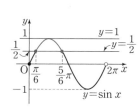

01 ④	02 ⑤	03 ⑤	04 ②	05 ②
06 ①	07 $-\pi$	08 ④	09 ②	10 ④
11 ①	12 ③	13 $\dfrac{89}{2}$	14 ④	15 ②
16 ③	17 $\dfrac{16}{3}$	18 $-\dfrac{5}{6}\pi$	19 7	20 ③
21 ③	22 ③	23 ⑤	24 ②	

01 모든 실수 x에 대하여 $f(x) = f(x + \pi)$를 만족시키는 것은 주기가 π인 함수이다.

각 함수의 주기를 구하면 다음과 같다.

① $\dfrac{\pi}{\pi} = 1$ ② $\dfrac{2\pi}{2\pi} = 1$ ③ $\dfrac{2\pi}{\pi} = 2$

④ $\dfrac{2\pi}{2} = \pi$ ⑤ $\dfrac{2\pi}{\dfrac{\sqrt{2}}{2}} = 2\sqrt{2}\pi$

따라서 주어진 조건을 만족시키는 함수는 ④이다.

02 ① 주기는 $\dfrac{2\pi}{\pi} = 2$

② 최댓값은 $2 - 1 = 1$이다.

③ 최솟값은 $-2 - 1 = -3$이다.

④ $f(-2) = 2\cos(-\pi) - 1 = -2 - 1 = -3$

$f(0) = 2\cos \pi - 1 = -2 - 1 = -3$

⑤ $f(x) = 2\cos(\pi x + \pi) - 1 = 2\cos\{\pi(x+1)\} - 1$이므로 $y = f(x)$의 그래프는 $y = 2\cos \pi x$의 그래프를 x축의 방향으로 -1만큼, y축의 방향으로 -1만큼 평행이동한 것이다.

따라서 옳지 않은 것은 ⑤이다.

03 함수 $f(x) = a\sin bx + c$의 최댓값이 3, 최솟값이 1이고 $a > 0$이므로

$a+c=3$, $-a+c=1$

위의 두 식을 연립하여 풀면

$a=1$, $c=2$

또, 주기가 π이고 $b>0$이므로

$\dfrac{2\pi}{b}=\pi$ $\quad\therefore b=2$

$\therefore a+b+c=5$

04 함수 $f(x)=a\tan bx+2$의 주기가 4π이고 $b>0$이므로

$\dfrac{\pi}{b}=4\pi$ $\quad\therefore b=\dfrac{1}{4}$

이때 $f(x)=a\tan\dfrac{x}{4}+2$이고 $f(\pi)=3$이므로

$3=a\tan\dfrac{\pi}{4}+2$, $a+2=3$ $\quad\therefore a=1$

$\therefore a+b=\dfrac{5}{4}$

05 함수 $f(x)=a\cos\dfrac{x}{2}+b$의 최댓값이 7이고 $a>0$이므로

$a+b=7$ $\qquad\qquad\cdots\cdots$ ㉠

$f\left(\dfrac{2}{3}\pi\right)=5$이므로 $a\cos\dfrac{\pi}{3}+b=5$

$\therefore \dfrac{a}{2}+b=5$ $\qquad\cdots\cdots$ ㉡

㉠, ㉡을 연립하여 풀면

$a=4$, $b=3$

따라서 $f(x)$의 최솟값은

$-a+b=-4+3=-1$

06 **[1단계]**

함수 $y=a\sin(bx-c)$의 그래프에서 최댓값이 2, 최솟값이 -2이고 $a>0$이므로 $a=2$

주기는 $\dfrac{4}{3}\pi-\dfrac{\pi}{3}=\pi$이고 $b>0$이므로

$\dfrac{2\pi}{b}=\pi$ $\qquad\therefore b=2$

따라서 주어진 함수의 식은

$y=2\sin(2x-c)$ $\qquad\cdots\cdots$ ㉠

[2단계]

한편, 주어진 그래프는 $y=2\sin 2x$의 그래프를 x축의 방향으로 $\dfrac{\pi}{3}$만큼 평행이동한 것이므로

$y=2\sin 2\left(x-\dfrac{\pi}{3}\right)$

$\quad=2\sin\left(2x-\dfrac{2}{3}\pi\right)$ $\qquad\cdots\cdots$ ㉡

㉠, ㉡이 일치해야 하므로 $c=\dfrac{2}{3}\pi$

$\therefore abc=2\times2\times\dfrac{2}{3}\pi=\dfrac{8}{3}\pi$

07 **[1단계]**

함수 $y=\tan(ax+b)$의 그래프에서 주기는 $\dfrac{\pi}{2}$

$a>0$이므로 $\dfrac{\pi}{a}=\dfrac{\pi}{2}$ $\quad\therefore a=2$

따라서 주어진 함수의 식은

$y=\tan(2x+b)$ $\qquad\cdots\cdots$ ㉠

[2단계]

한편, 주어진 그래프는 $y=\tan 2x$의 그래프를 x축의 방향으로 $\dfrac{\pi}{4}$만큼 평행이동한 것이므로

$y=\tan 2\left(x-\dfrac{\pi}{4}\right)$

$\quad=\tan\left(2x-\dfrac{\pi}{2}\right)$ $\qquad\cdots\cdots$ ㉡

㉠, ㉡이 일치해야 하므로 $b=-\dfrac{\pi}{2}$

$\therefore ab=2\times\left(-\dfrac{\pi}{2}\right)=-\pi$

08 **[1단계]**

함수 $y=a\cos(bx-c)+d$의 그래프에서 최댓값이 4, 최솟값이 -2이고 $a>0$이므로

$a+d=4$, $-a+d=-2$

위의 두 식을 연립하여 풀면

$a=3$, $d=1$

[2단계]

또, 주기가 $\dfrac{3}{8}\pi-\left(-\dfrac{\pi}{8}\right)=\dfrac{\pi}{2}$이고 $b>0$이므로

$\dfrac{2\pi}{b}=\dfrac{\pi}{2}$ $\quad\therefore b=4$

따라서 주어진 함수의 식은

$y=3\cos(4x-c)+1$ $\qquad\cdots\cdots$ ㉠

[3단계]

한편, 주어진 그래프는 $y=3\cos 4x+1$의 그래프를 x축의 방향으로 $\dfrac{3}{8}\pi$만큼 평행이동한 것이므로

$y=3\cos 4\left(x-\dfrac{3}{8}\pi\right)+1$

$\quad=3\cos\left(4x-\dfrac{3}{2}\pi\right)+1$ $\qquad\cdots\cdots$ ㉡

㉠, ㉡이 일치해야 하므로 $c=\dfrac{3}{2}\pi$

$\therefore abcd=3\times4\times\dfrac{3}{2}\pi\times1=18\pi$

09 ㄱ. $\sin 80°=\sin(90°-10°)=\cos 10°$이므로

$\sin^2 10°+\sin^2 80°=\sin^2 10°+\cos^2 10°=1$ (참)

ㄴ. $\theta-40°=x$로 놓으면 $\theta+50°=x+90°$이므로

(좌변)$=\cos^2 x+\cos^2(x+90°)$

$\qquad=\cos^2 x+(-\sin x)^2$

$\qquad=\cos^2 x+\sin^2 x=1$ (참)

ㄷ. $\tan 110°=\tan(90°+20°)=-\dfrac{1}{\tan 20°}$이므로

(좌변)$=\tan 20°\times\left(-\dfrac{1}{\tan 20°}\right)=-1$ (거짓)

따라서 옳은 것은 ㄱ, ㄴ이다.

10 $\sin 50° \cos 140° - \cos 50° \sin 140°$

$\quad = \sin 50° \cos (90°+50°) - \cos 50° \sin (90°+50°)$

$\quad = \sin 50° \times (-\sin 50°) - \cos 50° \cos 50°$

$\quad = -(\sin^2 50° + \cos^2 50°)$

$\quad = -1$

11 $\dfrac{\sin(-\theta)}{\sin(\pi-\theta)\sin^2\left(\dfrac{\pi}{2}-\theta\right)} + \dfrac{\sin\theta \tan^2(\pi-\theta)}{\cos\left(\dfrac{3}{2}\pi+\theta\right)}$

$\quad = \dfrac{-\sin\theta}{\sin\theta \cos^2\theta} + \dfrac{\sin\theta(-\tan\theta)^2}{\sin\theta}$

$\quad = -\dfrac{1}{\cos^2\theta} + \tan^2\theta$

$\quad = -\dfrac{1-\sin^2\theta}{\cos^2\theta}$

$\quad = -\dfrac{\cos^2\theta}{\cos^2\theta}$

$\quad = -1$

12 삼각형의 세 내각의 크기의 합은 $180°$이므로

$\quad A+B+C=\pi \quad \therefore B+C=\pi-A$

$\quad \therefore \cos\dfrac{B+C}{2} = \cos\dfrac{\pi-A}{2}$

$\qquad\qquad\qquad = \cos\left(\dfrac{\pi}{2}-\dfrac{A}{2}\right)$

$\qquad\qquad\qquad = \sin\dfrac{A}{2} = \dfrac{4}{5}$

13 [1단계]

$\quad \cos 89° = \cos(90°-1°) = \sin 1°$

$\quad \cos 88° = \cos(90°-2°) = \sin 2°$

$\quad \vdots$

$\quad \cos 46° = \cos(90°-44°) = \sin 44°$

[2단계]

$\quad \therefore \cos^2 1° + \cos^2 2° + \cos^2 3° + \cdots + \cos^2 88° + \cos^2 89°$

$\quad = (\cos^2 1° + \cos^2 89°) + (\cos^2 2° + \cos^2 88°) + \cdots$

$\qquad\qquad + (\cos^2 44° + \cos^2 46°) + \cos^2 45°$

$\quad = (\cos^2 1° + \sin^2 1°) + (\cos^2 2° + \sin^2 2°) + \cdots$

$\qquad\qquad + (\cos^2 44° + \sin^2 44°) + \cos^2 45°$

$\quad = 1 + 1 + \cdots + 1 + 1 + \dfrac{1}{2}$

$\quad = 44 \times 1 + \dfrac{1}{2} = \dfrac{89}{2}$

14 $y = a|\cos x + 2| + b$에서 $\cos x = t \ (-1 \le t \le 1)$로 놓으면

$\quad y = a|t+2| + b$

따라서 오른쪽 그림에서

$t=1$일 때 최댓값 $3a+b$,

$t=-1$일 때 최솟값 $a+b$

를 가지므로

$3a+b=5$, $a+b=3$

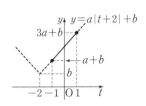

위의 두 식을 연립하여 풀면

$a=1$, $b=2$

$\therefore a-b=-1$

15 $\sin\left(x+\dfrac{\pi}{2}\right) = \cos x$, $\cos(x+\pi) = -\cos x$이므로

$\quad y = \sin\left(x+\dfrac{\pi}{2}\right) - \cos^2(x+\pi)$

$\quad = \cos x - \cos^2 x$

이때 $\cos x = t \ (-1 \le t \le 1)$로 놓으면

$\quad y = -t^2 + t$

$\quad = -\left(t-\dfrac{1}{2}\right)^2 + \dfrac{1}{4}$

따라서 오른쪽 그림에서

$t=\dfrac{1}{2}$일 때 최댓값 $\dfrac{1}{4}$,

$t=-1$일 때 최솟값 -2를

가지므로

$M=\dfrac{1}{4}$, $m=-2$

$\therefore Mm = \dfrac{1}{4} \times (-2) = -\dfrac{1}{2}$

16 $y = a\cos^2 x - a\sin x + b$

$\quad = a(1-\sin^2 x) - a\sin x + b$

$\quad = -a\sin^2 x - a\sin x + a + b$

이때 $\sin x = t \ (-1 \le t \le 1)$로 놓으면

$\quad y = -at^2 - at + a + b$

$\quad = -a\left(t+\dfrac{1}{2}\right)^2 + \dfrac{5}{4}a + b$

따라서 오른쪽 그림에서 $t=-\dfrac{1}{2}$일 때

최댓값 $\dfrac{5}{4}a+b$,

$t=1$일 때 최솟값

$-a+b$를 가지므로

$\dfrac{5}{4}a+b=8$, $-a+b=-1$

위의 두 식을 연립하여 풀면

$a=4$, $b=3$

$\therefore a+b=7$

17 $\sin x = t \ (-1 \le t \le 1)$로 놓으면

$\quad y = \dfrac{3t-5}{t-2} = \dfrac{3(t-2)+1}{t-2}$

$\quad = \dfrac{1}{t-2} + 3$

따라서 오른쪽 그림에서

$t=-1$일 때 최댓값 $\dfrac{8}{3}$,

$t=1$일 때 최솟값 2를 가지므로

$M=\dfrac{8}{3}$, $m=2$

$$\therefore Mm = \frac{16}{3}$$

18 [1단계]

$\tan\left(x + \dfrac{\pi}{4}\right) = \sqrt{3}$ 에서 $x + \dfrac{\pi}{4} = t$ 로 놓으면

$\tan t = \sqrt{3}$

한편, $-\pi \le x < \pi$ 이므로 $-\dfrac{3}{4}\pi \le x + \dfrac{\pi}{4} < \dfrac{5}{4}\pi$

$$\therefore -\frac{3}{4}\pi \le t < \frac{5}{4}\pi$$

[2단계]

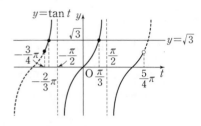

위의 그림에서 방정식 $\tan t = \sqrt{3}$ 의 해는

$t = -\dfrac{2}{3}\pi$ 또는 $t = \dfrac{\pi}{3}$

[3단계]

(i) $t = -\dfrac{2}{3}\pi$ 일 때

$\quad x + \dfrac{\pi}{4} = -\dfrac{2}{3}\pi$

$\quad \therefore x = -\dfrac{11}{12}\pi$

(ii) $t = \dfrac{\pi}{3}$ 일 때

$\quad x + \dfrac{\pi}{4} = \dfrac{\pi}{3}$

$\quad \therefore x = \dfrac{\pi}{12}$

(i), (ii)에 의하여 주어진 방정식을 만족시키는 모든 x의 값의 합은

$$-\frac{11}{12}\pi + \frac{\pi}{12} = -\frac{5}{6}\pi$$

19 $\cos^2 x - \sin x = 1$ 에서 $\cos^2 x - \sin x - 1 = 0$

$\cos^2 x = 1 - \sin^2 x$ 이므로

$(1 - \sin^2 x) - \sin x - 1 = 0$, $\sin^2 x + \sin x = 0$

$\sin x(\sin x + 1) = 0$

$\therefore \sin x = 0$ 또는 $\sin x = -1$

$0 < x < 2\pi$ 이므로 $x = \pi$ 또는 $x = \dfrac{3}{2}\pi$

따라서 주어진 방정식의 모든 실근의 합은

$$\pi + \frac{3}{2}\pi = \frac{5}{2}\pi$$

이때 $p = 2$, $q = 5$ 이므로

$p + q = 7$

20 방정식 $\sin 2x = \dfrac{1}{\pi}x$ 의 실근의 개수는 두 함수

$y = \sin 2x$, $y = \dfrac{1}{\pi}x$ 의 그래프의 교점의 개수와 같다.

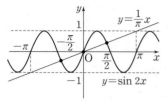

따라서 두 함수 $y = \sin 2x$, $y = \dfrac{1}{\pi}x$ 의 그래프의 교점이 3개이므로 주어진 방정식의 실근의 개수는 3이다.

21 [1단계]

$2\cos\left(\dfrac{x}{2} - \dfrac{\pi}{6}\right) > 1$ 에서

$\cos\left(\dfrac{x}{2} - \dfrac{\pi}{6}\right) > \dfrac{1}{2}$

이때 $\dfrac{x}{2} - \dfrac{\pi}{6} = t$ 로 놓으면 $\cos t > \dfrac{1}{2}$

$0 \le x < 2\pi$ 에서 $-\dfrac{\pi}{6} \le \dfrac{x}{2} - \dfrac{\pi}{6} < \dfrac{5}{6}\pi$ 이므로

$-\dfrac{\pi}{6} \le t < \dfrac{5}{6}\pi$

[2단계]

오른쪽 그림에서 부등식

$\cos t > \dfrac{1}{2}$ 의 해는

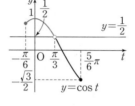

$-\dfrac{\pi}{6} \le t < \dfrac{\pi}{3}$ 이므로

$-\dfrac{\pi}{6} \le \dfrac{x}{2} - \dfrac{\pi}{6} < \dfrac{\pi}{3}$

$\therefore 0 \le x < \pi$

따라서 $a = 0$, $b = \pi$ 이므로

$b - a = \pi$

22 $\sin^2 x = 1 - \cos^2 x$ 이므로

$1 - \cos^2 x \ge 1 - \cos x$

$\cos^2 x - \cos x \le 0$

$\cos x(\cos x - 1) \le 0$

$\therefore 0 \le \cos x \le 1$

오른쪽 그림에서 부등식

$0 \le \cos x \le 1$ 의 해는

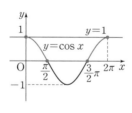

$0 \le x \le \dfrac{\pi}{2}$, $\dfrac{3}{2}\pi \le x \le 2\pi$

따라서 주어진 부등식의 해가 아닌 것은 ③이다.

23 [1단계]

$\cos\left(\theta + \dfrac{\pi}{2}\right) = -\sin\theta$ 이므로

$\cos^2\left(\theta + \dfrac{\pi}{2}\right) - \cos\theta - 1 \ge 0$ 에서

$\sin^2\theta - \cos\theta - 1 \ge 0$

$\sin^2\theta = 1 - \cos^2\theta$ 이므로

$(1 - \cos^2\theta) - \cos\theta - 1 \ge 0$

$\cos^2\theta+\cos\theta\leq 0$

$\cos\theta(\cos\theta+1)\leq 0$

$\therefore -1\leq\cos\theta\leq 0$

[2단계]

오른쪽 그림에서 부등식

$-1\leq\cos\theta\leq 0$의 해는

$\dfrac{\pi}{2}\leq\theta\leq\dfrac{3}{2}\pi$

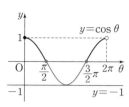

따라서 $\alpha=\dfrac{\pi}{2}$, $\beta=\dfrac{3}{2}\pi$이므로

$\dfrac{\beta}{\alpha}=3$

24 **[1단계]**

모든 실수 x에 대하여 주어진 부등식이 성립하려면 방정식 $x^2+(2\sqrt{2}\sin\theta)x-3\cos\theta=0$의 판별식 D에 대하여

$\dfrac{D}{4}=(\sqrt{2}\sin\theta)^2+3\cos\theta<0$

[2단계]

$2\sin^2\theta+3\cos\theta<0$

$2(1-\cos^2\theta)+3\cos\theta<0$

$2\cos^2\theta-3\cos\theta-2>0$

$\therefore (2\cos\theta+1)(\cos\theta-2)>0$

이때 $\cos\theta-2<0$이므로 $2\cos\theta+1<0$

$\therefore \cos\theta<-\dfrac{1}{2}$

[3단계]

따라서 오른쪽 그림에서 부등식

$\cos\theta<-\dfrac{1}{2}$의 해는

$\dfrac{2}{3}\pi<\theta<\dfrac{4}{3}\pi$

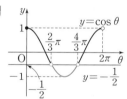

■12 사인법칙과 코사인법칙 p. 42

01 (1) $8\sqrt{2}$ (2) $90°$ **02** $1:2:\sqrt{3}$

03 ② **04** ⑤ **05** (1) $\sqrt{21}$ (2) $-\dfrac{1}{4}$ **06** ⑤

07 ② **08** ④, ⑤

01 (1) 사인법칙에 의하여

$\dfrac{b}{\sin 45°}=\dfrac{8}{\sin 30°}$

$b\sin 30°=8\sin 45°$

$b\times\dfrac{1}{2}=8\times\dfrac{\sqrt{2}}{2}$

$\therefore b=8\sqrt{2}$

---

(2) 사인법칙에 의하여

$\dfrac{\sqrt{3}}{\sin 60°}=\dfrac{2}{\sin B}$

$\sqrt{3}\sin B=2\times\dfrac{\sqrt{3}}{2}$

$\sin B=1$

이때 $0°<B<180°$이므로 $B=90°$

02 $A=180°\times\dfrac{1}{1+3+2}=30°$

$B=180°\times\dfrac{3}{1+3+2}=90°$

$C=180°\times\dfrac{2}{1+3+2}=60°$

사인법칙의 변형 공식에 의하여

$a:b:c=\sin A:\sin B:\sin C$

$=\sin 30°:\sin 90°:\sin 60°$

$=\dfrac{1}{2}:1:\dfrac{\sqrt{3}}{2}$

$=1:2:\sqrt{3}$

다른 풀이

$A:B:C=1:3:2$에서 $A=k$, $B=3k$, $c=2k$ $(k>0)$

로 놓으면 $A+B+C=180°$이므로

$6k=180°$ $\therefore k=30°$

$\therefore A=30°$, $B=90°$, $C=60°$

사인법칙의 변형 공식에 의하여

$a:b:c=\sin A:\sin B:\sin C$

$=\sin 30°:\sin 90°:\sin 60°$

$=\dfrac{1}{2}:1:\dfrac{\sqrt{3}}{2}$

$=1:2:\sqrt{3}$

참고

삼각형 ABC에서 $A:B:C=x:y:z$이면

$A=180°\times\dfrac{x}{x+y+z}$

$B=180°\times\dfrac{y}{x+y+z}$

$C=180°\times\dfrac{z}{x+y+z}$

03 $C=180°-(70°+50°)=60°$

삼각형 ABC의 외접원의 반지름의 길이를 R라고 하면

사인법칙에 의하여 $\dfrac{c}{\sin C}=2R$이므로

$2R=\dfrac{2\sqrt{3}}{\sin 60°}$, $2R=4$

$\therefore R=2$

따라서 삼각형 ABC에 외접하는 원의 넓이는

$\pi\times 2^2=4\pi$

04 삼각형 ABC의 외접원의 반지름의 길이를 R라고 하면 사인법칙의 변형 공식에 의하여

$$\left(\frac{c}{2R}\right)^2=\left(\frac{a}{2R}\right)^2+\left(\frac{b}{2R}\right)^2$$
$$\therefore c^2=a^2+b^2$$
따라서 삼각형 ABC는 $C=90°$인 직각삼각형이다.

05 (1) 코사인법칙에 의하여
$$a^2=b^2+c^2-2bc\cos A$$
$$=16+25-40\cos 60°$$
$$=21$$
$$\therefore a=\sqrt{21}\ (\because\ a>0)$$
(2) 코사인법칙의 변형 공식에 의하여
$$\cos C=\frac{a^2+b^2-c^2}{2ab}$$
$$=\frac{4+9-16}{2\times 2\times 3}$$
$$=-\frac{1}{4}$$

06 $\dfrac{\sin A}{3}=\dfrac{\sin B}{5}=\dfrac{\sin C}{7}$ 이므로

$\sin A:\sin B:\sin C=3:5:7$

사인법칙의 변형 공식에 의하여

$a:b:c=\sin A:\sin B:\sin C=3:5:7$

$a=3k,\ b=5k,\ c=7k\ (k>0)$로 놓으면

코사인법칙의 변형 공식에 의하여
$$\cos A=\frac{b^2+c^2-a^2}{2bc}$$
$$=\frac{25k^2+49k^2-9k^2}{2\times 5k\times 7k}$$
$$=\frac{13}{14}$$

07 $a<b<c$이므로 크기가 가장 작은 각은 $\angle A$이다.

코사인법칙의 변형 공식에 의하여
$$\cos A=\frac{b^2+c^2-a^2}{2bc}$$
$$=\frac{6+8-2}{2\times\sqrt{6}\times 2\sqrt{2}}$$
$$=\frac{\sqrt{3}}{2}$$
$0°<A<180°$이므로 $A=30°$

08 코사인법칙의 변형 공식에 의하여
$$a\times\frac{b^2+c^2-a^2}{2bc}+b\times\frac{c^2+a^2-b^2}{2ca}=c\times\frac{a^2+b^2-c^2}{2ab}$$
$$a^2(b^2+c^2-a^2)+b^2(c^2+a^2-b^2)=c^2(a^2+b^2-c^2)$$
$$2a^2b^2-a^4-b^4+c^4=0$$
$$a^4-2a^2b^2+b^4=c^4$$
$$(a^2-b^2)^2=c^4 \quad \therefore\ a^2-b^2=\pm c^2$$
$$\therefore\ a^2=b^2+c^2 \ \text{또는}\ b^2=a^2+c^2$$
따라서 삼각형 ABC는 $A=90°$인 직각삼각형 또는 $B=90°$인 직각삼각형이다.

01 (1) 2 (2) $6\sqrt{2}$ **02** ⑤ **03** ② **04** ⑤

05 $\dfrac{21\sqrt{3}}{4}$ **06** $2\sqrt{3}+\dfrac{\sqrt{6}}{2}$ **07** (1) $12\sqrt{3}$ (2) $20\sqrt{3}$

08 ①

01 (1) $S=\dfrac{1}{2}\times 4\times 2\times\sin 30°$
$$=\frac{1}{2}\times 4\times 2\times\frac{1}{2}$$
$$=2$$
(2) $S=\dfrac{1}{2}\times 3\times 8\times\sin 135°$
$$=\frac{1}{2}\times 3\times 8\times\frac{\sqrt{2}}{2}$$
$$=6\sqrt{2}$$

02 $\dfrac{8+9+7}{2}=12$이므로 헤론의 공식에 의하여
$$S=\sqrt{12(12-8)(12-9)(12-7)}$$
$$=\sqrt{12\times 4\times 3\times 5}=12\sqrt{5}$$

> **다른 풀이**

코사인법칙의 변형 공식에 의하여
$$\cos A=\frac{b^2+c^2-a^2}{2bc}$$
$$=\frac{49+64-81}{2\times 7\times 8}$$
$$=\frac{2}{7}$$
$0°<A<180°$이므로
$$\sin A=\sqrt{1-\cos^2 A}$$
$$=\sqrt{1-\left(\frac{2}{7}\right)^2}=\frac{3\sqrt{5}}{7}$$
$$\therefore S=\frac{1}{2}\times 7\times 8\times\sin A$$
$$=28\times\frac{3\sqrt{5}}{7}=12\sqrt{5}$$

03 $\triangle ABC=\dfrac{1}{2}\times 6\times 3\times\sin 60°$
$$=\frac{1}{2}\times 6\times 3\times\frac{\sqrt{3}}{2}$$
$$=\frac{9\sqrt{3}}{2}$$
$\overline{AD}=x$라고 하면

$\triangle ABD+\triangle ADC$
$$=\frac{1}{2}\times 6\times x\times\sin 30°+\frac{1}{2}\times 3\times x\times\sin 30°$$
$$=\frac{1}{2}\times 6\times x\times\frac{1}{2}+\frac{1}{2}\times 3\times x\times\frac{1}{2}$$
$$=\frac{3}{2}x+\frac{3}{4}x=\frac{9}{4}x$$
$\triangle ABC=\triangle ABD+\triangle ADC$이므로 $\dfrac{9\sqrt{3}}{2}=\dfrac{9}{4}x$

$$\therefore x=2\sqrt{3}$$

따라서 선분 AD의 길이는 $2\sqrt{3}$이다.

04 삼각형 ABC의 내접원의 반지름의 길이를 r라고 하면
$$18=\frac{1}{2}\times r\times 12 \quad \therefore r=3$$
따라서 삼각형 ABC의 내접원의 반지름의 길이는 3이다.

05 대각선 BD를 그으면
$$\square ABCD=\triangle ABD+\triangle BCD$$
$$\triangle ABD=\frac{1}{2}\times 5\times 3\times \sin 60^\circ$$
$$=\frac{1}{2}\times 5\times 3\times \frac{\sqrt{3}}{2}$$
$$=\frac{15\sqrt{3}}{4}$$
$$\triangle BCD=\frac{1}{2}\times 3\times 2\times \sin 120^\circ$$
$$=\frac{1}{2}\times 3\times 2\times \frac{\sqrt{3}}{2}$$
$$=\frac{3\sqrt{3}}{2}$$
$$\therefore \square ABCD=\frac{15\sqrt{3}}{4}+\frac{3\sqrt{3}}{2}=\frac{21\sqrt{3}}{4}$$

06 삼각형 ABC에서 코사인법칙에 의하여
$$\overline{AC}^2=2^2+4^2-2\times 2\times 4\times \cos 60^\circ$$
$$=12$$
$$\therefore \overline{AC}=\sqrt{12}=2\sqrt{3}\ (\because \overline{AC}>0)$$
$$\therefore \square ABCD$$
$$=\triangle ABC+\triangle ACD$$
$$=\frac{1}{2}\times 2\times 4\times \sin 60^\circ+\frac{1}{2}\times 2\sqrt{3}\times 1\times \sin 45^\circ$$
$$=\frac{1}{2}\times 2\times 4\times \frac{\sqrt{3}}{2}+\frac{1}{2}\times 2\sqrt{3}\times 1\times \frac{\sqrt{2}}{2}$$
$$=2\sqrt{3}+\frac{\sqrt{6}}{2}$$

07 (1) $S=4\times 6\times \sin(180^\circ-120^\circ)$
$$=4\times 6\times \sin 60^\circ$$
$$=24\times \frac{\sqrt{3}}{2}=12\sqrt{3}$$
(2) $S=\frac{1}{2}\times 10\times 8\times \sin 60^\circ$
$$=\frac{1}{2}\times 10\times 8\times \frac{\sqrt{3}}{2}$$
$$=20\sqrt{3}$$

08 등변사다리꼴은 두 대각선의 길이가 같으므로 대각선의 길이를 x라고 하면
$$\frac{1}{2}\times x\times x\times \sin 60^\circ=4\sqrt{3}, \ \frac{\sqrt{3}}{4}x^2=4\sqrt{3}$$
$$x^2=16 \quad \therefore x=4\ (\because x>0)$$
따라서 등변사다리꼴의 대각선의 길이는 4이다.

실력 확인 문제   12   13   p. 46

01 ④	02 ②	03 ③	04 ①	05 ③
06 $\dfrac{\sqrt{21}}{3}$	07 ③	08 ①	09 ②	10 $\dfrac{15\sqrt{3}}{4}$
11 ④	12 ⑤			

01 $B=180^\circ-(75^\circ+45^\circ)=60^\circ$
사인법칙에 의하여
$$\frac{\overline{AB}}{\sin 45^\circ}=\frac{\sqrt{6}}{\sin 60^\circ}, \ \overline{AB}\sin 60^\circ=\sqrt{6}\sin 45^\circ$$
$$\overline{AB}\times \frac{\sqrt{3}}{2}=\sqrt{6}\times \frac{\sqrt{2}}{2}$$
$$\therefore \overline{AB}=2$$

02 삼각형 ABC의 세 변의 길이를 a, b, c라고 하면
$$a+b+c=40$$
사인법칙의 변형 공식에 의하여
$$\sin A=\frac{a}{10}, \ \sin B=\frac{b}{10}, \ \sin C=\frac{c}{10}$$
$$\therefore \sin A+\sin B+\sin C=\frac{a}{10}+\frac{b}{10}+\frac{c}{10}$$
$$=\frac{a+b+c}{10}$$
$$=\frac{40}{10}=4$$

03 $a+b-2c=0 \qquad \cdots\cdots \ \unicode{x1D4F}$
$a-3b+c=0 \qquad \cdots\cdots \ \unicode{x1D4FB}$
$\unicode{x1D4F}$, $\unicode{x1D4FB}$을 연립하여 풀면
$$a=\frac{5}{4}c, \ b=\frac{3}{4}c$$
$$\therefore a:b:c=\frac{5}{4}c:\frac{3}{4}c:c=5:3:4$$
사인법칙의 변형 공식에 의하여
$$\sin A:\sin B:\sin C=a:b:c$$
$$=5:3:4$$

04 [1단계]
사각형 ABCD가 원에 내접하므로
$$A+C=180^\circ \quad \therefore C=180^\circ-120^\circ=60^\circ$$
$\overline{BD}=a$라고 하면 삼각형 BCD에서 코사인법칙에 의하여
$$a^2=4^2+6^2-2\times 4\times 6\times \cos 60^\circ$$
$$=4^2+6^2-2\times 4\times 6\times \frac{1}{2}=28$$

[2단계]
$\overline{AB}=b$라고 하면 삼각형 ABD에서 코사인법칙에 의하여
$$28=4^2+b^2-2\times 4\times b\times \cos 120^\circ$$
$$28=b^2-8b\times \left(-\frac{1}{2}\right)+16$$
$$b^2+4b-12=0, \ (b-2)(b+6)=0 \quad \therefore b=2\ (\because b>0)$$
$$\therefore \overline{AB}=2$$

05 정사각형의 한 변의 길이가 4이고, M, N이 각각 $\overline{BC}$, $\overline{CD}$의 중점이므로

$\overline{AM} = \overline{AN} = \sqrt{4^2 + 2^2} = 2\sqrt{5}$

$\overline{MN} = \sqrt{2^2 + 2^2} = 2\sqrt{2}$

삼각형 AMN에서 코사인법칙의 변형 공식에 의하여

$\cos\theta = \dfrac{(2\sqrt{5})^2 + (2\sqrt{5})^2 - (2\sqrt{2})^2}{2 \times 2\sqrt{5} \times 2\sqrt{5}}$

$\qquad = \dfrac{4}{5}$

$\therefore 5\cos\theta = 4$

06 코사인법칙에 의하여

$\overline{AB}^2 = \overline{BC}^2 + \overline{CA}^2 - 2 \times \overline{BC} \times \overline{CA} \times \cos C$

$\qquad = 4 + 9 - 2 \times 2 \times 3 \times \cos 60°$

$\qquad = 4 + 9 - 12 \times \dfrac{1}{2} = 7$

$\therefore \overline{AB} = \sqrt{7} \ (\because \overline{AB} > 0)$

삼각형 ABC의 외접원의 반지름의 길이를 R라고 하면 사인법칙에 의하여

$\dfrac{\sqrt{7}}{\sin 60°} = 2R$

$\therefore R = \dfrac{\sqrt{7}}{\dfrac{\sqrt{3}}{2}} \times \dfrac{1}{2} = \dfrac{\sqrt{21}}{3}$

07 삼각형 ABC의 외접원의 반지름의 길이를 R라고 하면

$\sin A = \dfrac{a}{2R}$, $\sin B = \dfrac{b}{2R}$, $\cos C = \dfrac{a^2 + b^2 - c^2}{2ab}$ 이므로

$\dfrac{a}{2R} = 2 \times \dfrac{b}{2R} \times \dfrac{a^2 + b^2 - c^2}{2ab}$

$a^2 = a^2 + b^2 - c^2$, $b^2 = c^2$

$\therefore b = c \ (\because b > 0, c > 0)$

따라서 삼각형 ABC는 $b = c$인 이등변삼각형이다.

08 [1단계]

$\overline{BC} = a$라고 하면 코사인법칙에 의하여

$(\sqrt{10})^2 = 2^2 + a^2 - 2 \times 2 \times a \times \cos 45°$

$10 = 4 + a^2 - 4a \times \dfrac{\sqrt{2}}{2}$

$a^2 - 2\sqrt{2}a - 6 = 0$, $(a - 3\sqrt{2})(a + \sqrt{2}) = 0$

$\therefore a = 3\sqrt{2} \ (\because a > 0)$

[2단계]

따라서 삼각형 ABC의 넓이는

$\dfrac{1}{2} \times 2 \times 3\sqrt{2} \times \sin 45° = \dfrac{1}{2} \times 2 \times 3\sqrt{2} \times \dfrac{\sqrt{2}}{2}$

$\qquad\qquad\qquad\qquad\quad = 3$

09 [1단계]

삼각형 ABC의 넓이를 S라고 하면

$S = \dfrac{1}{2} \times 5 \times 3 \times \sin 120°$

$\quad = \dfrac{1}{2} \times 5 \times 3 \times \dfrac{\sqrt{3}}{2} = \dfrac{15\sqrt{3}}{4}$

[2단계]

$\overline{BC} = a$라고 하면 코사인법칙에 의하여

$a^2 = 5^2 + 3^2 - 2 \times 5 \times 3 \times \cos 120°$

$\quad = 25 + 9 - 2 \times 5 \times 3 \times \left(-\dfrac{1}{2}\right)$

$\quad = 49$

$\therefore a = 7 \ (\because a > 0)$

[3단계]

삼각형 ABC의 내접원의 반지름의 길이를 r라고 하면

$\dfrac{15\sqrt{3}}{4} = \dfrac{1}{2} \times r \times (5 + 7 + 3)$

$\therefore r = \dfrac{\sqrt{3}}{2}$

따라서 삼각형 ABC의 내접원의 반지름의 길이는 $\dfrac{\sqrt{3}}{2}$이다.

10 사각형 ABCD가 원에 내접하므로

$A + C = 180°$ $\quad \therefore A = 180° - 60° = 120°$

대각선 BD를 그으면

$\square ABCD = \triangle ABD + \triangle BCD$

$\triangle ABD = \dfrac{1}{2} \times 1 \times 3 \times \sin 120°$

$\qquad\quad = \dfrac{1}{2} \times 1 \times 3 \times \dfrac{\sqrt{3}}{2}$

$\qquad\quad = \dfrac{3\sqrt{3}}{4}$

$\triangle BCD = \dfrac{1}{2} \times 4 \times 3 \times \sin 60°$

$\qquad\quad = \dfrac{1}{2} \times 4 \times 3 \times \dfrac{\sqrt{3}}{2}$

$\qquad\quad = 3\sqrt{3}$

$\therefore \square ABCD = \dfrac{3\sqrt{3}}{4} + 3\sqrt{3} = \dfrac{15\sqrt{3}}{4}$

11 [1단계]

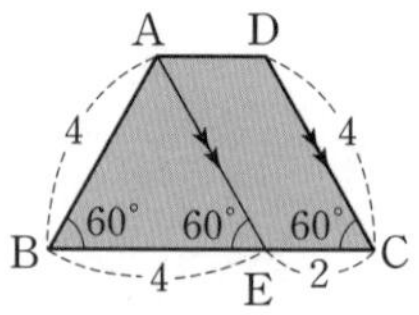

사각형 ABCD가 등변사다리꼴이므로

$\angle C = \angle B = 60°$

오른쪽 그림과 같이 점 A를 지나고 변 CD에 평행한 직선이 변 BC와 만나는 점을 E라고 하면

$\angle AEB = \angle C = 60°$

따라서 삼각형 ABE는 한 변의 길이가 4인 정삼각형이다.

[2단계]

$\overline{EC} = 6 - 4 = 2$, $\angle C = 60°$이므로

$\triangle ABE = \dfrac{1}{2} \times 4 \times 4 \times \sin 60°$

$\qquad\quad = \dfrac{1}{2} \times 4 \times 4 \times \dfrac{\sqrt{3}}{2}$

$\qquad\quad = 4\sqrt{3}$

$\square AECD = 2 \times 4 \times \sin 60°$

$\qquad\quad = 2 \times 4 \times \dfrac{\sqrt{3}}{2} = 4\sqrt{3}$

$\therefore \square ABCD = \triangle ABE + \square AECD$
$= 4\sqrt{3} + 4\sqrt{3} = 8\sqrt{3}$

12 [1단계]

평행사변형 ABCD의 넓이 S는

$S = 2 \times 4 \times \sin 60°$
$= 2 \times 4 \times \dfrac{\sqrt{3}}{2} = 4\sqrt{3}$

[2단계]

이때 두 대각선의 길이를 구하면

(i) 삼각형 ABC에서 코사인법칙에 의하여

$\overline{AC}^2 = 2^2 + 4^2 - 2 \times 2 \times 4 \times \cos 60°$
$= 4 + 16 - 16 \times \dfrac{1}{2} = 12$
$\therefore \overline{AC} = 2\sqrt{3} \ (\because \overline{AC} > 0)$

(ii) 삼각형 ABD에서 코사인법칙에 의하여

$\overline{BD}^2 = 2^2 + 4^2 - 2 \times 2 \times 4 \times \cos 120°$
$= 4 + 16 - 16 \times \left(-\dfrac{1}{2}\right) = 28$
$\therefore \overline{BD} = 2\sqrt{7} \ (\because \overline{BD} > 0)$

[3단계]

$S = \dfrac{1}{2} \times \overline{AC} \times \overline{BD} \times \sin \theta$이므로

$4\sqrt{3} = \dfrac{1}{2} \times 2\sqrt{3} \times 2\sqrt{7} \times \sin \theta$

$\therefore \sin \theta = \dfrac{2\sqrt{7}}{7}$

---

14 등차수열 p. 48

01 (1) $a_n = 3n$ (2) $a_n = 10^n - 1$
02 (1) $a_n = 5n - 3$ (2) $a_n = -4n + 34$
03 $a_n = -2n + 13$ **04** ③ **05** ⑤
06 (1) 10 (2) -2 또는 1
07 (1) $S_n = 2n^2 - 9n$ (2) $S_n = -2n^2 + 8n$
08 (1) $a_n = 2n + 1$ (2) $a_n = 4n - 5$

---

01 (1) $a_1 = 3 \times 1$, $a_2 = 3 \times 2$, $a_3 = 3 \times 3$, $a_4 = 3 \times 4$, …이므로
$a_n = 3n$

(2) $a_1 = 9 = 10^1 - 1$, $a_2 = 99 = 10^2 - 1$, $a_3 = 999 = 10^3 - 1$, $a_4 = 9999 = 10^4 - 1$, …이므로
$a_n = 10^n - 1$

02 (1) 첫째항이 2, 공차가 5이므로
$a_n = 2 + (n-1) \times 5 = 5n - 3$

(2) 첫째항이 30, 공차가 $26 - 30 = -4$인 등차수열이므로
$a_n = 30 + (n-1) \times (-4) = -4n + 34$

03 첫째항을 a, 공차를 d라고 하면
$a_2 = a + d = 9$ ……㉠
$a_8 = a + 7d = -3$ ……㉡
㉠, ㉡을 연립하여 풀면
$a = 11$, $d = -2$
$\therefore a_n = 11 + (n-1) \times (-2) = -2n + 13$

04 주어진 수열의 일반항을 a_n이라고 하면
$a_n = -21 + (n-1) \times 3 = 3n - 24$
제n항부터 처음으로 양수가 된다고 하면
$3n - 24 > 0$, $3n > 24$
$\therefore n > 8$
따라서 자연수 n의 최솟값은 9이므로 처음으로 양수가 되는 항은 제9항이다.

05 넣어야 할 3개의 수를 a_1, a_2, a_3이라고 하면 등차수열 9, a_1, a_2, a_3, 21은 첫째항이 9, 제5항이 21이다.
공차를 d라고 하면
$9 + 4d = 21$ $\therefore d = 3$
따라서 $a_1 = 9 + 3 = 12$, $a_2 = 12 + 3 = 15$, $a_3 = 15 + 3 = 18$
이므로 세 수의 합은
$12 + 15 + 18 = 45$

다른 풀이

넣어야 할 3개의 수를 a_1, a_2, a_3이라고 하면 등차수열 9, a_1, a_2, a_3, 21에서 a_2는 9와 21의 등차중항이므로
$a_2 = \dfrac{9 + 21}{2} = 15$

a_1은 9와 15의 등차중항이므로
$a_1 = \dfrac{9 + 15}{2} = 12$

a_3은 15와 21의 등차중항이므로
$a_3 = \dfrac{15 + 21}{2} = 18$

따라서 구하는 세 수의 합은
$12 + 15 + 18 = 45$

06 (1) 세 수 7, x, 13이 이 순서대로 등차수열을 이루므로
$x = \dfrac{7 + 13}{2} = 10$

(2) 세 수 $x - 1$, $x^2 + 2x$, $x + 5$가 이 순서대로 등차수열을 이루므로
$2(x^2 + 2x) = (x-1) + (x+5)$, $2x^2 + 2x - 4 = 0$
$x^2 + x - 2 = 0$, $(x+2)(x-1) = 0$
$\therefore x = -2$ 또는 $x = 1$

07 (1) 첫째항이 -7, 공차가 4이므로
$S_n = \dfrac{n\{2 \times (-7) + (n-1) \times 4\}}{2}$
$= 2n^2 - 9n$

(2) 첫째항이 6, 공차가 $2-6=-4$이므로

$$S_n=\frac{n\{2\times 6+(n-1)\times(-4)\}}{2}$$
$$=-2n^2+8n$$

08 (1) $n\geq 2$일 때

$$a_n=S_n-S_{n-1}$$
$$=(n^2+2n)-\{(n-1)^2+2(n-1)\}$$
$$=2n+1 \qquad\qquad \cdots\cdots \bigcirc$$

$n=1$일 때, $a_1=S_1=1+2=3$

그런데 이것은 $\bigcirc$에 $n=1$을 대입한 것과 같으므로 이 수열의 일반항은

$$a_n=2n+1$$

(2) $n\geq 2$일 때

$$a_n=S_n-S_{n-1}$$
$$=(2n^2-3n)-\{2(n-1)^2-3(n-1)\}$$
$$=4n-5 \qquad\qquad \cdots\cdots \bigcirc$$

$n=1$일 때, $a_1=S_1=2-3=-1$

그런데 이것은 $\bigcirc$에 $n=1$을 대입한 것과 같으므로 이 수열의 일반항은

$$a_n=4n-5$$

▦ 15 등비수열   p.50

01 (1) $a_n=2\times(-2)^{n-1}$ (2) $a_n=6\times\left(\dfrac{1}{2}\right)^{n-1}$

02 $a_n=3\times 2^{n-1}$ **03** (1) 3   (2) 제11항

04 ①   **05** ②   **06** ①

07 (1) $S_n=2\left(1-\dfrac{1}{2^n}\right)$ (2) $S_n=\dfrac{3^n-1}{2}$

08 126만 원

---

01 (1) 첫째항이 2, 공비가 -2이므로

$$a_n=2\times(-2)^{n-1}$$

(2) 첫째항이 6, 공비가 $\dfrac{3}{6}=\dfrac{1}{2}$이므로

$$a_n=6\times\left(\frac{1}{2}\right)^{n-1}$$

02 첫째항을 a, 공비를 $r\,(r>0)$라고 하면

$$a_4=ar^3=24 \qquad\qquad \cdots\cdots \bigcirc$$
$$a_6=ar^5=96 \qquad\qquad \cdots\cdots \bigcirc$$

$\bigcirc\div\bigcirc$을 하면 $r^2=4$

$\therefore r=2\,(\because r>0)$

$r=2$를 $\bigcirc$에 대입하면 $8a=24$ $\therefore a=3$

$\therefore a_n=3\times 2^{n-1}$

03 (1) 첫째항이 243, 공비가 $\dfrac{1}{3}$이므로

$$a_n=243\times\left(\frac{1}{3}\right)^{n-1}=\left(\frac{1}{3}\right)^{n-6}$$
$$\therefore a_5=\left(\frac{1}{3}\right)^{5-6}=3$$

(2) $\dfrac{1}{243}$을 제n항이라고 하면

$$\frac{1}{243}=\left(\frac{1}{3}\right)^{n-6}$$
$$\left(\frac{1}{3}\right)^5=\left(\frac{1}{3}\right)^{n-6}$$

$n-6=5$ $\therefore n=11$

따라서 $\dfrac{1}{243}$은 제11항이다.

04 첫째항이 1, 공비가 2이므로 일반항을 a_n이라고 하면

$$a_n=1\times 2^{n-1}=2^{n-1}$$

제n항부터 처음으로 1000보다 커진다고 하면

$$2^{n-1}>1000$$

이때 $2^9=512$, $2^{10}=1024$이고 n은 자연수이므로

$n-1\geq 10$ $\therefore n\geq 11$

따라서 자연수 n의 최솟값은 11이므로 처음으로 1000보다 커지는 항은 제11항이다.

05 넣어야 할 3개의 수를 a_1, a_2, $a_3\,(a_1>0,\,a_2>0,\,a_3>0)$이라고 하면 등비수열 2, a_1, a_2, a_3, 32는 첫째항이 2이고, 제5항이 32이다.

공비를 $r\,(r>0)$라고 하면

$2r^4=32$, $r^4=16$ $\therefore r=2\,(\because r>0)$

따라서 $a_1=2\times 2=4$, $a_2=4\times 2=8$, $a_3=8\times 2=16$

이므로 세 수의 합은

$$4+8+16=28$$

다른 풀이

넣어야 할 3개의 수를 a_1, a_2, $a_3\,(a_1>0,\,a_2>0,\,a_3>0)$이라고 하면 등비수열 2, a_1, a_2, a_3, 32에서 a_2는 2와 32의 등비중항이므로

$a_2{}^2=2\times 32=64$ $\therefore a_2=8\,(\because a_2>0)$

a_1은 2와 8의 등비중항이므로

$a_1{}^2=2\times 8=16$ $\therefore a_1=4\,(\because a_1>0)$

a_3은 8과 32의 등비중항이므로

$a_3{}^2=8\times 32=256$ $\therefore a_3=16\,(\because a_3>0)$

따라서 세 수의 합은

$$4+8+16=28$$

06 세 수 $\dfrac{4}{5}$, a, 5가 이 순서대로 등비수열을 이루므로

$$a^2=\frac{4}{5}\times 5=4$$
$$\therefore a=2\,(\because a>0)$$

07 (1) 첫째항이 1, 공비가 $\frac{1}{2}$이므로

$$S_n=\frac{1\times\left\{1-\left(\frac{1}{2}\right)^n\right\}}{1-\frac{1}{2}}$$

$$=2\left(1-\frac{1}{2^n}\right)$$

(2) 첫째항이 1, 공비가 $\frac{3}{1}=3$이므로

$$S_n=\frac{1\times(3^n-1)}{3-1}=\frac{3^n-1}{2}$$

08 10년 후의 적립금의 원리합계를 S라고 하면

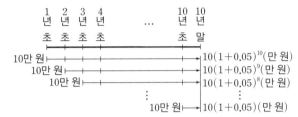

$$S=10\times1.05+10\times1.05^2+\cdots+10\times1.05^{10}$$
$$=\frac{10\times1.05\times(1.05^{10}-1)}{1.05-1}$$
$$=210(1.05^{10}-1)$$
$$=210(1.6-1)$$
$$=126(만 원)$$

실력 확인 문제   14〈 15〉 p. 52

01 ②	02 ③	03 ④	04 ⑤	05 ⑤
06 ⑤	07 ②	08 ①	09 ①	10 ⑤
11 ③	12 ③	13 ④	14 ④	15 ②
16 ①	17 ⑤	18 10	19 $\frac{255}{8}$	20 ③
21 ④	22 ⑤	23 ②	24 41160	

01 첫째항을 a, 공차를 d라고 하면

$a_6=a+5d=-7$ ...... ㉠

$a_{13}=a+12d=-28$ ...... ㉡

㉠, ㉡을 연립하여 풀면

$a=8$, $d=-3$

∴ $a_{11}=a+10d=8+10\times(-3)=-22$

02 첫째항을 a, 공차를 d라고 하면

$a_8-a_2=a+7d-(a+d)=6d=12$에서

$d=2$

$a_1+a_2+a_3=a+(a+d)+(a+2d)=3(a+d)=15$에서

$a+d=5$이므로 $a=5-d=5-2=3$

∴ $a_{10}=a+9d=3+9\times2=21$

03 첫째항을 a, 공차를 d라고 하면

$a_3=a+2d=35$ ...... ㉠

$a_7=a+6d=71$ ...... ㉡

㉠, ㉡을 연립하여 풀면

$a=17$, $d=9$

∴ $a_n=17+(n-1)\times9=9n+8$

188을 제n항이라고 하면 $9n+8=188$에서 $n=20$

따라서 188은 제20항이다.

04 n개의 수를 a_1, a_2, $\cdots$, a_n이라고 하면

등차수열 4, a_1, a_2, $\cdots$, a_n, 36은 첫째항이 4, 제$(n+2)$항이 36이고 공차가 2이므로

$4+\{(n+2)-1\}\times2=36$ ∴ $n=15$

05 [1단계]

삼차방정식 $x^3-6x^2+3x-k=0$의 세 근을 $a-d$, a, $a+d$로 놓으면 근과 계수의 관계에 의하여

$(a-d)+a+(a+d)=6$ ∴ $a=2$

[2단계]

따라서 주어진 방정식의 한 근이 2이므로 $x=2$를 대입하면

$8-24+6-k=0$

∴ $k=-10$

06 첫째항이 -40, 공차가 $-37+40=3$인 등차수열이므로 일반항을 a_n이라고 하면

$a_n=-40+(n-1)\times3=3n-43$

제n항에서 처음으로 양수가 나온다고 하면

$3n-43>0$

∴ $n>\frac{43}{3}=14.3\times\times\times$

따라서 자연수 n의 최솟값은 15이므로 제15항에서 처음으로 양수가 나온다.

07 4, a, b가 이 순서대로 등차수열을 이루므로

$2a=4+b$ ∴ $b=2a-4$ ...... ㉠

a^2, 50, b^2이 이 순서대로 등차수열을 이루므로

$100=a^2+b^2$ ...... ㉡

㉠을 ㉡에 대입하면 $a^2+(2a-4)^2=100$

$5a^2-16a-84=0$ ∴ $(5a+14)(a-6)=0$

이때 a는 자연수이므로 $a=6$

$a=6$을 ㉠에 대입하면 $b=8$

∴ $ab=48$

08 첫째항이 16, 공차가 $13-16=-3$이므로 끝항 1을 제n항이라고 하면

$1 = 16 + (n-1) \times (-3)$

$1 = -3n + 19$ $\therefore n = 6$

따라서 이 수열의 항수는 6이므로 구하는 합은

$\dfrac{6(16+1)}{2} = 51$

09 공차를 d라고 하면 첫째항부터 제10항까지의 합은

$\dfrac{10 \times \{2 \times 5 + (10-1)d\}}{2} = 5(10+9d)$

$5(10+9d) = 275,\ 9d+10 = 55$ $\therefore d = 5$

따라서 구하는 공차는 5이다.

10 첫째항부터 제n항까지의 합을 S_n이라고 하면

$S_n = \dfrac{n\{2 \times 31 + (n-1) \times (-2)\}}{2}$

$\quad = -n(n-32)$

$\quad = -(n^2 - 32n + 16^2) + 256$

$\quad = -(n-16)^2 + 256$

즉, $n = 16$일 때 S_n은 최대가 된다.

따라서 주어진 등차수열은 첫째항부터 제16항까지의 합이 최대가 된다.

다른 풀이

주어진 등차수열은 공차가 음수이므로 n이 증가함에 따라 일반항 a_n의 값은 감소한다.

따라서 음이 아닌 항까지의 합이 최대가 된다.

$a_n = 31 + (n-1) \times (-2)$

$\quad = -2n + 33 \geq 0$

에서 $n \leq 16.5$

이때 n은 자연수이므로 $n = 16$일 때 S_n은 최대가 된다.

따라서 주어진 등차수열은 첫째항부터 제16항까지의 합이 최대가 된다.

11 [1단계]

200 이하의 자연수 중에서 5로 나누었을 때의 나머지가 3인 수를 차례대로 나열하면

$3, 8, 13, 18, \cdots, 193, 198$

이때 198을 제n항이라고 하면

$198 = 3 + (n-1) \times 5$ $\therefore n = 40$

[2단계]

따라서 구하는 값은 첫째항이 3, 끝항이 198, 항수가 40인 등차수열의 합이므로

$\dfrac{40(3+198)}{2} = 4020$

12 $n \geq 2$일 때

$a_n = S_n - S_{n-1}$

$\quad = (n^2 + 3n + 1) - \{(n-1)^2 + 3(n-1) + 1\}$

$\quad = 2n + 2$ ...... ㉠

$n = 1$일 때, $a_1 = S_1 = 1 + 3 + 1 = 5$

그런데 이것은 ㉠에 $n = 1$을 대입한 것과 같지 않으므로

$a_1 = 5,\ a_n = 2n + 2$ (단, $n \geq 2$)

$\therefore a_1 + a_6 = 5 + (2 \times 6 + 2) = 19$

13 첫째항이 3이므로 공비를 r라고 하면

$a_6 = 3r^5 = 96,\ r^5 = 32$

r는 실수이므로 $r = 2$

$\therefore a_4 = 3 \times 2^3 = 24$

14 첫째항이 1이므로 공비를 $r\,(r > 0)$라고 하면

$a_2 + a_3 = 6$에서 $r + r^2 = 6,\ r^2 + r - 6 = 0$

$(r+3)(r-2) = 0$ $\therefore r = 2\ (\because r > 0)$

$\therefore a_7 = 2^6 = 64$

15 [1단계]

첫째항이 4, 공비가 $\dfrac{1}{2}$이므로 일반항을 a_n이라고 하면

$a_n = 4 \times \left(\dfrac{1}{2}\right)^{n-1} = \left(\dfrac{1}{2}\right)^{n-3}$

[2단계]

제n항부터 처음으로 $\dfrac{1}{1000}$보다 작아진다고 하면

$\left(\dfrac{1}{2}\right)^{n-3} < \dfrac{1}{1000}$

이때 $\left(\dfrac{1}{2}\right)^9 = \dfrac{1}{512},\ \left(\dfrac{1}{2}\right)^{10} = \dfrac{1}{1024}$이고 n은 자연수이므로

$n - 3 \geq 10$ $\therefore n \geq 13$

따라서 자연수 n의 최솟값은 13이므로 처음으로

$\dfrac{1}{1000}$보다 작아지는 항은 제13항이다.

16 등비수열 $36, x_1, x_2, x_3, \cdots, x_n, \dfrac{4}{243}$는 첫째항이 36,

제$(n+2)$항이 $\dfrac{4}{243}$이고 공비가 $\dfrac{1}{3}$이므로

$36 \times \left(\dfrac{1}{3}\right)^{n+1} = \dfrac{4}{243},\ \left(\dfrac{1}{3}\right)^{n+1} = \left(\dfrac{1}{3}\right)^7$

$n + 1 = 7$ $\therefore n = 6$

17 삼차방정식 $x^3 - 3x^2 + 9x - k = 0$의 세 근을 $a,\ ar,\ ar^2$으로 놓으면 근과 계수의 관계에 의하여

(i) $a + ar + ar^2 = 3$에서

$a(1 + r + r^2) = 3$ ...... ㉠

(ii) $a \times ar + ar \times ar^2 + ar^2 \times a = 9$에서

$a^2 r(1 + r + r^2) = 9$ ...... ㉡

(iii) $a \times ar \times ar^2 = k$에서

$(ar)^3 = k$ ...... ㉢

㉡÷㉠을 하면 $\dfrac{a^2 r(1 + r + r^2)}{a(1 + r + r^2)} = 3$

$\therefore ar = 3$ ...... ㉣

②을 ⓒ에 대입하면 $k=3^3=27$

18 세 수 $a, a+b, 2a-b$가 이 순서대로 등차수열을 이루므로
$$2(a+b)=a+2a-b$$
$$\therefore a=3b \qquad\qquad \cdots\cdots ㉠$$
세 수 $1, a-1, 3b+1$은 이 순서대로 공비가 양수인 등비수열을 이루므로
$$(a-1)^2=1\times(3b+1)$$
$$\therefore 3b=a^2-2a \qquad\qquad \cdots\cdots ㉡$$
㉠을 ㉡에 대입하면 $a=a^2-2a$, $a(a-3)=0$
이때 $a-1>0$, 즉 $a>1$이므로 $a=3$
$a=3$을 ㉠에 대입하면 $b=1$
$$\therefore a^2+b^2=9+1=10$$

19 첫째항이 16, 공비가 $\dfrac{8}{16}=\dfrac{1}{2}$이므로 끝항 $\dfrac{1}{8}$을 제n항이라고 하면
$$\frac{1}{8}=16\times\left(\frac{1}{2}\right)^{n-1}, \left(\frac{1}{2}\right)^3=\left(\frac{1}{2}\right)^{n-5} \qquad \therefore n=8$$
따라서 이 수열의 항수는 8이므로 구하는 합은
$$\frac{16\left\{1-\left(\frac{1}{2}\right)^8\right\}}{1-\frac{1}{2}}=32\left(1-\frac{1}{2^8}\right)=\frac{255}{8}$$

20 [1단계]
첫째항을 a, 공비를 r $(r>0)$라고 하면
$a_2+a_4=10$에서 $ar+ar^3=10$
$$\therefore ar(1+r^2)=10 \qquad\qquad \cdots\cdots ㉠$$
$a_4+a_6=40$에서 $ar^3+ar^5=40$
$$\therefore ar^3(1+r^2)=40 \qquad\qquad \cdots\cdots ㉡$$
㉡÷㉠을 하면 $r^2=4$ $\qquad \therefore r=2$ $(\because r>0)$
$r=2$를 ㉠에 대입하면 $10a=10$ $\qquad \therefore a=1$
[2단계]
따라서 등비수열 $\{a_n\}$은 첫째항이 1, 공비가 2이므로 첫째항부터 제10항까지의 합은
$$\frac{1\times(2^{10}-1)}{2-1}=1023$$

21 [1단계]
첫째항을 a, 공비를 r라고 하면
$$a_3=ar^2=12 \qquad\qquad \cdots\cdots ㉠$$
$$a_6=ar^5=96 \qquad\qquad \cdots\cdots ㉡$$
㉡÷㉠을 하면 $r^3=8$
r는 실수이므로 $r=2$
$r=2$를 ㉠에 대입하면 $4a=12$ $\qquad \therefore a=3$
[2단계]
첫째항부터 제n항까지의 합이 1533이므로
$$\frac{3\times(2^n-1)}{2-1}=1533, 2^n-1=511$$

$2^n=512, 2^n=2^9$
$$\therefore n=9$$

22 첫째항을 a, 공비를 r, 첫째항부터 제n항까지의 합을 S_n이라고 하면
$$S_4=\frac{a(r^4-1)}{r-1}=5 \qquad\qquad \cdots\cdots ㉠$$
$$S_8=\frac{a(r^8-1)}{r-1}=\frac{a(r^4+1)(r^4-1)}{r-1}=25 \qquad\qquad \cdots\cdots ㉡$$
$r\neq1$이므로 ㉡÷㉠을 하면
$$r^4+1=5, r^4=4$$
따라서 첫째항부터 제12항까지의 합은
$$S_{12}=\frac{a(r^{12}-1)}{r-1}=\frac{a(r^4-1)(r^8+r^4+1)}{r-1}$$
$$=5(4^2+4+1)=105$$

23 $n\geq2$일 때
$$a_n=S_n-S_{n-1}$$
$$=(2\times3^n+k)-(2\times3^{n-1}+k)$$
$$=4\times3^{n-1} \qquad\qquad \cdots\cdots ㉠$$
$n=1$일 때
$$a_1=S_1=2\times3^1+k=6+k \qquad\qquad \cdots\cdots ㉡$$
수열 $\{a_n\}$이 첫째항부터 등비수열을 이루려면 ㉠에 $n=1$을 대입한 것과 ㉡이 같아야 하므로
$$4=6+k \qquad \therefore k=-2$$

24 [1단계]

$100-5=95$(만 원)의 24개월 후의 원리합계는
$$9.5\times10^5\times(1+0.01)^{24}=9.5\times1.3\times10^5$$
$$=12.35\times10^5 \text{(원)} \qquad\qquad \cdots\cdots ㉠$$
매월 말에 a원씩 납부한다고 하면 24개월 말까지 납부할 금액의 원리합계는
$$a+a\times1.01+a\times1.01^2+\cdots+a\times1.01^{23}$$
$$=\frac{a(1.01^{24}-1)}{1.01-1}$$
$$=\frac{a(1.3-1)}{0.01}$$
$$=30a\text{(원)} \qquad\qquad \cdots\cdots ㉡$$
[2단계]
㉠$=$㉡이어야 하므로
$$30a=12.35\times10^5$$
$$\therefore a=\frac{12.35\times10^5}{30}=41160$$

■ 16 합의 기호 $\sum$

01 (1) $1+3+5+\cdots+19$ (2) $1^2+2^2+3^2+\cdots+10^2$

02 (1) $\sum\limits_{k=1}^{10}3k$ (2) $\sum\limits_{k=1}^{7}\left(\dfrac{1}{2}\right)^k$

03 ② **04** ③ **05** (1) 1770 (2) 2304

06 ④ **07** ① **08** ⑤

---

01 (1) $\sum\limits_{k=1}^{10}(2k-1)$은 수열의 제$k$항 $2k-1$의 k에 1, 2, 3, $\cdots$, 10을 차례대로 대입하여 얻은 항의 합을 나타낸 것이므로

$\sum\limits_{k=1}^{10}(2k-1)=1+3+5+\cdots+19$

(2) $\sum\limits_{k=1}^{10}k^2$은 수열의 제$k$항 k^2의 k에 1, 2, 3, $\cdots$, 10을 차례대로 대입하여 얻은 항의 합을 나타낸 것이므로

$\sum\limits_{k=1}^{10}k^2=1^2+2^2+3^2+\cdots+10^2$

02 (1) $3+6+9+\cdots+30$

$=3\times1+3\times2+3\times3+\cdots+3\times10$

이므로 주어진 식은 수열의 제k항 $3k$의 k 대신 1, 2, 3, $\cdots$, 10을 차례대로 대입하여 얻은 항을 모두 더한 것이다.

따라서 주어진 식을 기호 $\sum$를 사용하여 나타내면

$3+6+9+\cdots+30=\sum\limits_{k=1}^{10}3k$

(2) $\dfrac{1}{2}+\dfrac{1}{4}+\dfrac{1}{8}+\cdots+\dfrac{1}{128}$

$=\dfrac{1}{2}+\left(\dfrac{1}{2}\right)^2+\left(\dfrac{1}{2}\right)^3+\cdots+\left(\dfrac{1}{2}\right)^7$

이므로 주어진 식은 수열의 제k항 $\left(\dfrac{1}{2}\right)^k$의 k 대신 1, 2, 3, $\cdots$, 7을 차례대로 대입하여 얻은 항을 모두 더한 것이다.

따라서 주어진 식을 기호 $\sum$를 사용하여 나타내면

$\dfrac{1}{2}+\dfrac{1}{4}+\dfrac{1}{8}+\cdots+\dfrac{1}{128}=\sum\limits_{k=1}^{7}\left(\dfrac{1}{2}\right)^k$

03 $\sum\limits_{k=1}^{20}(2a_k+3b_k-2)$

$=\sum\limits_{k=1}^{20}2a_k+\sum\limits_{k=1}^{20}3b_k-\sum\limits_{k=1}^{20}2$

$=2\sum\limits_{k=1}^{20}a_k+3\sum\limits_{k=1}^{20}b_k-\sum\limits_{k=1}^{20}2$

$=2\times10+3\times20-2\times20$

$=40$

04 $\sum\limits_{k=1}^{10}(k^2+3)-\sum\limits_{k=1}^{10}(k^2+1)$

$=\sum\limits_{k=1}^{10}\{(k^2+3)-(k^2+1)\}$

$=\sum\limits_{k=1}^{10}2=2\times10$

$=20$

05 (1) $\sum\limits_{k=1}^{10}(2k+1)^2$

$=\sum\limits_{k=1}^{10}(4k^2+4k+1)$

$=4\sum\limits_{k=1}^{10}k^2+4\sum\limits_{k=1}^{10}k+\sum\limits_{k=1}^{10}1$

$=4\times\dfrac{10(10+1)(2\times10+1)}{6}$

$\qquad\qquad +4\times\dfrac{10(10+1)}{2}+1\times10$

$=1540+220+10$

$=1770$

(2) 수열 $2^2, 5^2, 8^2, \cdots, 26^2$의 제$k$항을 a_k라고 하면

$a_k=\{2+(k-1)\times3\}^2=(3k-1)^2$

이때 26^2을 제n항이라고 하면 $26^2=(3\times n-1)^2$이므로

$3n-1=26$ $\qquad\therefore n=9$

$\therefore 2^2+5^2+8^2+\cdots+26^2$

$=\sum\limits_{k=1}^{9}(3k-1)^2$

$=\sum\limits_{k=1}^{9}(9k^2-6k+1)$

$=9\sum\limits_{k=1}^{9}k^2-6\sum\limits_{k=1}^{9}k+\sum\limits_{k=1}^{9}1$

$=9\times\dfrac{9(9+1)(2\times9+1)}{6}-6\times\dfrac{9(9+1)}{2}+1\times9$

$=2565-270+9=2304$

06 $\sum\limits_{k=1}^{5}(3^k+2k)=\sum\limits_{k=1}^{5}3^k+2\sum\limits_{k=1}^{5}k$

$=(3^1+3^2+\cdots+3^5)+2\times\dfrac{5\times6}{2}$

$=\dfrac{3(3^5-1)}{3-1}+30$

$=363+30=393$

07 주어진 수열의 제k항을 a_k라고 하면

$a_k=k(k+1)$

따라서 주어진 수열의 첫째항부터 제10항까지의 합은

$\sum\limits_{k=1}^{10}a_k=\sum\limits_{k=1}^{10}k(k+1)$

$=\sum\limits_{k=1}^{10}(k^2+k)$

$=\sum\limits_{k=1}^{10}k^2+\sum\limits_{k=1}^{10}k$

$=\dfrac{10\times11\times21}{6}+\dfrac{10\times11}{2}$

$=385+55=440$

08 $\sum\limits_{n=1}^{5}\left(\sum\limits_{m=1}^{n}mn\right)=\sum\limits_{n=1}^{5}\left\{n\left(\sum\limits_{m=1}^{n}m\right)\right\}$

$=\sum\limits_{n=1}^{5}\left\{n\times\dfrac{n(n+1)}{2}\right\}$

$=\dfrac{1}{2}\sum\limits_{n=1}^{5}(n^3+n^2)$

$=\dfrac{1}{2}\left\{\left(\dfrac{5\times6}{2}\right)^2+\dfrac{5\times6\times11}{6}\right\}$

$=140$

01 ⑤	02 ③	03 $\dfrac{5}{21}$	04 ②	05 ④
06 ①	07 ①	08 ⑤		

01 $\displaystyle\sum_{k=1}^{8}\dfrac{1}{(k+1)(k+2)}$

$=\displaystyle\sum_{k=1}^{8}\left(\dfrac{1}{k+1}-\dfrac{1}{k+2}\right)$

$=\left(\dfrac{1}{2}-\dfrac{1}{3}\right)+\left(\dfrac{1}{3}-\dfrac{1}{4}\right)+\cdots+\left(\dfrac{1}{9}-\dfrac{1}{10}\right)$

$=\dfrac{1}{2}-\dfrac{1}{10}=\dfrac{2}{5}$

02 $\displaystyle\sum_{k=1}^{n}\dfrac{4}{k(k+1)}$

$=4\displaystyle\sum_{k=1}^{n}\left(\dfrac{1}{k}-\dfrac{1}{k+1}\right)$

$=4\left\{\left(1-\dfrac{1}{2}\right)+\left(\dfrac{1}{2}-\dfrac{1}{3}\right)+\left(\dfrac{1}{3}-\dfrac{1}{4}\right)\right.$

$\left.\qquad\qquad+\cdots+\left(\dfrac{1}{n}-\dfrac{1}{n+1}\right)\right\}$

$=4\left(1-\dfrac{1}{n+1}\right)=\dfrac{4n}{n+1}$

$\dfrac{4n}{n+1}=\dfrac{26}{7}$ 이므로 $28n=26n+26$

$\therefore n=13$

03 주어진 수열의 제k항을 a_k라고 하면

$a_k=\dfrac{1}{(2k+1)^2-1}=\dfrac{1}{4k(k+1)}$

따라서 주어진 수열의 첫째항부터 제20항까지의 합은

$\displaystyle\sum_{k=1}^{20}a_k$

$=\displaystyle\sum_{k=1}^{20}\dfrac{1}{4k(k+1)}$

$=\dfrac{1}{4}\displaystyle\sum_{k=1}^{20}\left(\dfrac{1}{k}-\dfrac{1}{k+1}\right)$

$=\dfrac{1}{4}\left\{\left(1-\dfrac{1}{2}\right)+\left(\dfrac{1}{2}-\dfrac{1}{3}\right)+\left(\dfrac{1}{3}-\dfrac{1}{4}\right)+\cdots+\left(\dfrac{1}{20}-\dfrac{1}{21}\right)\right\}$

$=\dfrac{1}{4}\left(1-\dfrac{1}{21}\right)=\dfrac{1}{4}\times\dfrac{20}{21}$

$=\dfrac{5}{21}$

04 $\displaystyle\sum_{k=1}^{24}\dfrac{2}{\sqrt{k-1}+\sqrt{k+1}}$

$=\displaystyle\sum_{k=1}^{24}\dfrac{2(\sqrt{k+1}-\sqrt{k-1})}{(\sqrt{k+1}+\sqrt{k-1})(\sqrt{k+1}-\sqrt{k-1})}$

$=\displaystyle\sum_{k=1}^{24}(\sqrt{k+1}-\sqrt{k-1})$

$=(\sqrt{2}-\sqrt{0})+(\sqrt{3}-\sqrt{1})+(\sqrt{4}-\sqrt{2})+\cdots$

$\qquad\qquad+(\sqrt{24}-\sqrt{22})+(\sqrt{25}-\sqrt{23})$

$=-\sqrt{0}-\sqrt{1}+\sqrt{24}+\sqrt{25}$

$=0-1+2\sqrt{6}+5$

$=4+2\sqrt{6}$

따라서 $p=4,\ q=2$이므로

$p+q=6$

05 주어진 수열의 제k항을 a_k라고 하면

$a_k=\dfrac{1}{\sqrt{k+1}+\sqrt{k}}$

$=\dfrac{\sqrt{k+1}-\sqrt{k}}{(\sqrt{k+1}+\sqrt{k})(\sqrt{k+1}-\sqrt{k})}$

$=\sqrt{k+1}-\sqrt{k}$

따라서 주어진 수열의 첫째항부터 제24항까지의 합은

$\displaystyle\sum_{k=1}^{24}(\sqrt{k+1}-\sqrt{k})$

$=(\sqrt{2}-1)+(\sqrt{3}-\sqrt{2})+(\sqrt{4}-\sqrt{3})+\cdots$

$\qquad\qquad+(\sqrt{24}-\sqrt{23})+(\sqrt{25}-\sqrt{24})$

$=\sqrt{25}-1=4$

06 $S_n=\displaystyle\sum_{k=1}^{n}a_k=n^2+2n$으로 놓으면

(ⅰ) $n\geq2$일 때

$a_n=S_n-S_{n-1}$

$=n^2+2n-\{(n-1)^2+2(n-1)\}$

$=2n+1$　　　　　　……㉠

(ⅱ) $n=1$일 때

$a_1=S_1=1^2+2\times1=3$

이때 $a_1=3$은 ㉠에 $n=1$을 대입한 것과 같으므로

$a_n=2n+1$

$\therefore \displaystyle\sum_{k=1}^{10}\dfrac{1}{a_k a_{k+1}}$

$=\displaystyle\sum_{k=1}^{10}\dfrac{1}{(2k+1)(2k+3)}$

$=\dfrac{1}{2}\displaystyle\sum_{k=1}^{10}\left(\dfrac{1}{2k+1}-\dfrac{1}{2k+3}\right)$

$=\dfrac{1}{2}\left\{\left(\dfrac{1}{3}-\dfrac{1}{5}\right)+\left(\dfrac{1}{5}-\dfrac{1}{7}\right)+\cdots+\left(\dfrac{1}{21}-\dfrac{1}{23}\right)\right\}$

$=\dfrac{1}{2}\left(\dfrac{1}{3}-\dfrac{1}{23}\right)$

$=\dfrac{10}{69}$

따라서 $p=69,\ q=10$이므로

$p+q=79$

07 주어진 식의 좌변을 S로 놓고 양변에 2를 곱하여 빼면

$S=1\times1+2\times2+3\times2^2+\cdots+8\times2^7$

$-)2S=\qquad 1\times2+2\times2^2+3\times2^3+\cdots+8\times2^8$

$\overline{\qquad\qquad\qquad\qquad\qquad\qquad\qquad\qquad\qquad}$

$-S=1+2+2^2+2^3+\cdots+2^7-8\times2^8$

$=\dfrac{2^8-1}{2-1}-8\times2^8$

$=-7\times2^8-1$

$\therefore S=7\times2^8+1$

따라서 $a=7,\ b=8,\ c=1$이므로

$a+b+c=16$

08 주어진 수열을

(1), (1, 2), (1, 2, 3), (1, 2, 3, 4), …

로 묶으면 제n군의 항수는 n이므로 제1군부터 제n군까지의 항수는

$$1+2+3+\cdots+n=\frac{n(n+1)}{2}$$

이때 $\dfrac{13\times14}{2}=91$, $\dfrac{14\times15}{2}=105$이므로 제100항은 제14군에 속한다.

따라서 제100항은 제14군의 9번째 항이고, 제14군은 $(1, 2, 3, \cdots, 9, \cdots)$이므로 제100항은 9이다.

█ 18 수열의 귀납적 정의   p. 60

01 (1) 32 (2) $\dfrac{2}{5}$ **02** ②   **03** ⑤   **04** 57

05 ③   **06** 9

---

01 (1) $n=1$일 때, $a_2=2a_1=2\times2=4$

$n=2$일 때, $a_3=2a_2=2\times4=8$

$n=3$일 때, $a_4=2a_3=2\times8=16$

$n=4$일 때, $a_5=2a_4=2\times16=32$

(2) $n=1$일 때, $a_2=\dfrac{1}{2}a_1=\dfrac{1}{2}\times2=1$

$n=2$일 때, $a_3=\dfrac{2}{3}a_2=\dfrac{2}{3}\times1=\dfrac{2}{3}$

$n=3$일 때, $a_4=\dfrac{3}{4}a_3=\dfrac{3}{4}\times\dfrac{2}{3}=\dfrac{1}{2}$

$n=4$일 때, $a_5=\dfrac{4}{5}a_4=\dfrac{4}{5}\times\dfrac{1}{2}=\dfrac{2}{5}$

02 $a_{n+1}=a_n+2$이므로 수열 $\{a_n\}$은 공차가 2인 등차수열이다.

이때 첫째항이 1이므로

$a_n=1+(n-1)\times2=2n-1$

$\therefore a_{10}=2\times10-1=19$

03 $(a_{n+1})^2=a_n a_{n+2}$이므로 수열 $\{a_n\}$은 등비수열이다.

이때 $a_1=2$, $\dfrac{a_2}{a_1}=2$에서 첫째항이 2, 공비가 2이므로

$a_n=2\times2^{n-1}=2^n$

$\therefore a_{10}=2^{10}=1024$

04 $a_{n+1}=a_n+2n$에서

$a_{n+1}-a_n=2n$

위의 등식의 n 대신 1, 2, 3, …, $n-1$을 차례대로 대입하여 변끼리 더하면

$a_2-a_1=2\times1$

$a_3-a_2=2\times2$

$a_4-a_3=2\times3$

$\qquad\qquad\vdots$

$+\ )\ \underline{a_n-a_{n-1}=2(n-1)}$

$a_n-a_1=2\{1+2+3+\cdots+(n-1)\}$

$\qquad\quad=2\sum\limits_{k=1}^{n-1}k$

$\qquad\quad=2\times\dfrac{n(n-1)}{2}$

$\qquad\quad=n^2-n$

$a_1=1$이므로 $a_n=n^2-n+1$ (단, $n\geq2$)

이 식은 $n=1$일 때에도 성립하므로 수열 $\{a_n\}$의 일반항은

$a_n=n^2-n+1$

$\therefore a_8=8^2-8+1=57$

05 $a_{n+1}=3^n a_n$의 n 대신 1, 2, 3, …, $n-1$을 차례대로 대입하여 변끼리 곱하면

$a_2=3^1 a_1$

$a_3=3^2 a_2$

$a_4=3^3 a_3$

$\qquad\vdots$

$\times\ )\ \underline{a_n=3^{n-1}a_{n-1}}$

$a_n=3^1\times3^2\times3^3\times\cdots\times3^{n-1}\times a_1$

$\quad=3^{1+2+3+\cdots+(n-1)}\times1$

$\quad=3^{\frac{n(n-1)}{2}}$

$\therefore a_{10}=3^{\frac{10(10-1)}{2}}=3^{45}$

06 (ⅰ) $n=1$일 때

(좌변)$=1^2=1$,

(우변)$=\dfrac{1\times(1+1)(2\times1+1)}{6}=1$

따라서 $n=1$일 때 ㉠이 성립한다.

(ⅱ) $n=k$일 때, ㉠이 성립한다고 가정하면

$1^2+2^2+3^2+\cdots+k^2=\dfrac{k(k+1)(2k+1)}{6}$ …… ㉡

㉡의 양변에 $\boxed{(k+1)^2}$을 더하면

$1^2+2^2+3^2+\cdots+k^2+\boxed{(k+1)^2}$

$=\dfrac{k(k+1)(2k+1)}{6}+(k+1)^2$

$=\dfrac{(k+1)(k+2)\boxed{(2k+3)}}{6}$

따라서 $n=k+1$일 때에도 ㉠이 성립한다.

(ⅰ), (ⅱ)에 의하여 ㉠은 모든 자연수 n에 대하여 성립한다.

$f(k)=(k+1)^2$, $g(k)=2k+3$이므로

$f(1)+g(1)=4+5=9$

01 ④	02 ①	03 ③	04 ②	05 ⑤
06 250	07 ①	08 ②	09 ⑤	10 ②
11 ①	12 ③	13 ②	14 ②	15 ④
16 92	17 ①			

01 ㄱ. $\displaystyle\sum_{k=1}^{10} k^2 = 1^2 + 2^2 + \cdots + 10^2$,

$\displaystyle\sum_{k=0}^{10} k^2 = 0^2 + 1^2 + 2^2 + \cdots + 10^2$

$\therefore \displaystyle\sum_{k=1}^{10} k^2 = \sum_{k=0}^{10} k^2$ (참)

ㄴ. $\displaystyle\sum_{k=1}^{10} 2^k = 2^1 + 2^2 + 2^3 + \cdots + 2^{10}$,

$\displaystyle\sum_{k=0}^{10} 2^k = 2^0 + 2^1 + 2^2 + \cdots + 2^{10}$

$= 1 + 2^1 + 2^2 + \cdots + 2^{10}$

$\therefore \displaystyle\sum_{k=1}^{10} 2^k \neq \sum_{k=0}^{10} 2^k$ (거짓)

ㄷ. $\displaystyle\sum_{i=1}^{20} a_i - \sum_{j=1}^{10} a_j$

$= (a_1 + a_2 + \cdots + a_{20}) - (a_1 + a_2 + \cdots + a_{10})$

$= a_{11} + a_{12} + \cdots + a_{20}$

$= \displaystyle\sum_{k=11}^{20} a_k$ (참)

ㄹ. $\displaystyle\sum_{k=1}^{10} a_{2k-1} + \sum_{k=1}^{10} a_{2k}$

$= (a_1 + a_3 + a_5 + \cdots + a_{19})$

$\qquad\qquad + (a_2 + a_4 + a_6 + \cdots + a_{20})$

$= a_1 + a_2 + a_3 + \cdots + a_{20}$

$= \displaystyle\sum_{k=1}^{20} a_k$ (참)

따라서 옳은 것은 ㄱ, ㄷ, ㄹ이다.

02 $\displaystyle\sum_{k=1}^{6} a_k = \sum_{k=1}^{5} (a_k - 1)$에서

$a_1 + a_2 + a_3 + a_4 + a_5 + a_6$

$= (a_1 - 1) + (a_2 - 1) + (a_3 - 1) + (a_4 - 1) + (a_5 - 1)$

$\therefore a_6 = -5$

03 수열 $\{a_n\}$은 첫째항이 1이고 공비가 2인 등비수열이므로

$a_n = 2^{n-1}$

$\therefore \displaystyle\sum_{k=1}^{5} a_k = \sum_{k=1}^{5} 2^{k-1}$

$= \dfrac{1 \times (2^5 - 1)}{2 - 1}$

$= 31$

04 $\displaystyle\sum_{k=1}^{n} (a_k + b_k)^2 = \sum_{k=1}^{n} (a_k^2 + 2a_k b_k + b_k^2)$

$= \displaystyle\sum_{k=1}^{n} (a_k^2 + b_k^2) + 2\sum_{k=1}^{n} a_k b_k$

이므로 $40 = 30 + 2\displaystyle\sum_{k=1}^{n} a_k b_k$

$\therefore \displaystyle\sum_{k=1}^{n} a_k b_k = 5$

05 주어진 수열의 제k항을 a_k라고 하면

$a_k = 1 + 2 + 2^2 + 2^3 + \cdots + 2^{k-1}$

$= \dfrac{1 \times (2^k - 1)}{2 - 1}$

$= 2^k - 1$

따라서 주어진 수열의 합은

$\displaystyle\sum_{k=1}^{11} (2^k - 1) = \sum_{k=1}^{11} 2^k - \sum_{k=1}^{11} 1$

$= \dfrac{2(2^{11} - 1)}{2 - 1} - 11$

$= 2^{12} - 13$

06 [1단계]

등차수열 $\{a_n\}$의 첫째항을 a, 공차를 d라고 하면

$a_2 = a + d = -2$ ⋯⋯ ㉠

$a_5 = a + 4d = 7$ ⋯⋯ ㉡

㉠, ㉡을 연립하여 풀면

$a = -5$, $d = 3$

$\therefore a_n = -5 + (n-1) \times 3 = 3n - 8$

[2단계]

$\therefore \displaystyle\sum_{k=1}^{10} a_{2k} = \sum_{k=1}^{10} (6k - 8)$

$= 6\displaystyle\sum_{k=1}^{10} k - \sum_{k=1}^{10} 8$

$= 6 \times \dfrac{10 \times 11}{2} - 80$

$= 330 - 80 = 250$

07 $\dfrac{1}{n(n+1)} = \dfrac{1}{n} - \dfrac{1}{n+1}$이므로

$\dfrac{1}{1 \times 2} + \dfrac{1}{2 \times 3} + \dfrac{1}{3 \times 4} + \cdots + \dfrac{1}{n(n+1)}$

$= \displaystyle\sum_{k=1}^{n} \dfrac{1}{k(k+1)}$

$= \displaystyle\sum_{k=1}^{n} \left(\dfrac{1}{k} - \dfrac{1}{k+1} \right)$

$= \left(1 - \dfrac{1}{2} \right) + \left(\dfrac{1}{2} - \dfrac{1}{3} \right) + \left(\dfrac{1}{3} - \dfrac{1}{4} \right) + \cdots + \left(\dfrac{1}{n} - \dfrac{1}{n+1} \right)$

$= 1 - \dfrac{1}{n+1}$

$= \dfrac{n}{n+1}$

$\dfrac{n}{n+1} = \dfrac{49}{50}$이므로 $50n = 49n + 49$

$\therefore n = 49$

08 $1 + 2 + 3 + \cdots + n = \displaystyle\sum_{k=1}^{n} k = \dfrac{n(n+1)}{2}$이므로

$1 + \dfrac{1}{1+2} + \dfrac{1}{1+2+3} + \cdots + \dfrac{1}{1+2+3+\cdots+50}$

$= \displaystyle\sum_{k=1}^{50} \dfrac{1}{1+2+3+\cdots+k}$

$= \displaystyle\sum_{k=1}^{50} \dfrac{1}{\dfrac{k(k+1)}{2}}$

$$=\sum_{k=1}^{50}\frac{2}{k(k+1)}$$

$$=2\sum_{k=1}^{50}\left(\frac{1}{k}-\frac{1}{k+1}\right)$$

$$=2\left\{\left(1-\frac{1}{2}\right)+\left(\frac{1}{2}-\frac{1}{3}\right)+\left(\frac{1}{3}-\frac{1}{4}\right)+\cdots+\left(\frac{1}{50}-\frac{1}{51}\right)\right\}$$

$$=2\left(1-\frac{1}{51}\right)$$

$$=\frac{100}{51}$$

09 이차방정식의 근과 계수의 관계에 의하여

$$\alpha_n+\beta_n=2,\ \alpha_n\beta_n=n(n+2)$$

$$\therefore\sum_{n=1}^{20}\left(\frac{1}{\alpha_n}+\frac{1}{\beta_n}\right)$$

$$=\sum_{n=1}^{20}\frac{\alpha_n+\beta_n}{\alpha_n\beta_n}=\sum_{n=1}^{20}\frac{2}{n(n+2)}$$

$$=\sum_{n=1}^{20}\left(\frac{1}{n}-\frac{1}{n+2}\right)$$

$$=\left(\frac{1}{1}-\frac{1}{3}\right)+\left(\frac{1}{2}-\frac{1}{4}\right)+\left(\frac{1}{3}-\frac{1}{5}\right)$$

$$\qquad\qquad+\cdots+\left(\frac{1}{19}-\frac{1}{21}\right)+\left(\frac{1}{20}-\frac{1}{22}\right)$$

$$=1+\frac{1}{2}-\frac{1}{21}-\frac{1}{22}$$

$$=\frac{3}{2}-\frac{43}{462}$$

$$=\frac{325}{231}$$

10 $\displaystyle\sum_{k=1}^{17}\frac{1}{\sqrt{2k}+\sqrt{2k+2}}$

$$=\sum_{k=1}^{17}\frac{\sqrt{2k+2}-\sqrt{2k}}{(\sqrt{2k+2}+\sqrt{2k})(\sqrt{2k+2}-\sqrt{2k})}$$

$$=\frac{1}{2}\sum_{k=1}^{17}(\sqrt{2k+2}-\sqrt{2k})$$

$$=\frac{1}{2}\{(\sqrt{4}-\sqrt{2})+(\sqrt{6}-\sqrt{4})+(\sqrt{8}-\sqrt{6})+\cdots$$

$$\qquad\qquad+(\sqrt{34}-\sqrt{32})+(\sqrt{36}-\sqrt{34})\}$$

$$=\frac{1}{2}(\sqrt{36}-\sqrt{2})$$

$$=3-\frac{\sqrt{2}}{2}$$

따라서 $a=3$, $b=-\dfrac{1}{2}$이므로

$$a+b=\frac{5}{2}$$

11 $\displaystyle\sum_{k=2}^{100}\log\left(1-\frac{1}{k}\right)$

$$=\sum_{k=2}^{100}\log\frac{k-1}{k}$$

$$=\sum_{k=2}^{100}\{\log(k-1)-\log k\}$$

$$=(\log 1-\log 2)+(\log 2-\log 3)+\cdots$$

$$\qquad\qquad+(\log 99-\log 100)$$

$$=\log 1-\log 100$$

$$=-2$$

12 **[1단계]**

$$S_n=\sum_{k=1}^{n}a_k=\frac{n}{n+1}\text{으로 놓으면}$$

(i) $n\geq 2$일 때

$$a_n=S_n-S_{n-1}$$

$$=\frac{n}{n+1}-\frac{n-1}{n}$$

$$=\frac{n^2-(n+1)(n-1)}{n(n+1)}$$

$$=\frac{n^2-(n^2-1)}{n(n+1)}$$

$$=\frac{1}{n(n+1)}\qquad\qquad\cdots\cdots\ \bigcirc$$

(ii) $n=1$일 때

$$a_1=S_1=\frac{1}{2}$$

이때 $a_1=\dfrac{1}{2}$은 $\bigcirc$에 $n=1$을 대입한 것과 같으므로

$$a_n=\frac{1}{n(n+1)}$$

[2단계]

$$\therefore\sum_{k=1}^{8}\frac{1}{a_k}=\sum_{k=1}^{8}k(k+1)$$

$$=\sum_{k=1}^{8}k^2+\sum_{k=1}^{8}k$$

$$=\frac{8\times 9\times 17}{6}+\frac{8\times 9}{2}$$

$$=204+36$$

$$=240$$

13 주어진 식을 S로 놓고 양변에 $\dfrac{1}{2}$을 곱하여 빼면

$$S=\frac{1}{2}+\frac{2}{2^2}+\frac{3}{2^3}+\cdots+\frac{10}{2^{10}}$$

$$-\underline{\left.\right)\frac{1}{2}S=\quad\ \ \frac{1}{2^2}+\frac{2}{2^3}+\cdots+\frac{9}{2^{10}}+\frac{10}{2^{11}}}$$

$$\frac{1}{2}S=\frac{1}{2}+\frac{1}{2^2}+\frac{1}{2^3}+\cdots+\frac{1}{2^{10}}-\frac{10}{2^{11}}$$

$$=\frac{\frac{1}{2}\left\{1-\left(\frac{1}{2}\right)^{10}\right\}}{1-\frac{1}{2}}-\frac{10}{2^{11}}$$

$$=1-\frac{1}{1024}-\frac{5}{1024}$$

$$=\frac{509}{512}$$

$$\therefore S=\frac{509}{256}$$

14 $a_{n+1}=a_n+3$이므로 수열 $\{a_n\}$은 공차가 3인 등차수열이다.

이때 첫째항이 2이므로

$$a_n=2+(n-1)\times 3=3n-1$$

$$a_k=3k-1=32\text{에서}$$

$$3k=33\qquad\therefore k=11$$

15 [1단계]

$a_{n+1} = a_n + \dfrac{1}{n(n+1)}$ 에서

$a_{n+1} - a_n = \dfrac{1}{n(n+1)} = \dfrac{1}{n} - \dfrac{1}{n+1}$

위의 등식의 n 대신 $1, 2, 3, \cdots, n-1$을 차례대로 대입하여 변끼리 더하면

$a_2 - a_1 = 1 - \dfrac{1}{2}$

$a_3 - a_2 = \dfrac{1}{2} - \dfrac{1}{3}$

$a_4 - a_3 = \dfrac{1}{3} - \dfrac{1}{4}$

$\vdots$

$+ \big) \, a_n - a_{n-1} = \dfrac{1}{n-1} - \dfrac{1}{n}$

$\overline{a_n - a_1 = 1 - \dfrac{1}{n}}$

$\therefore a_n = 1 - \dfrac{1}{n} + a_1$

[2단계]

$a_1 = -1$이므로 $a_n = -\dfrac{1}{n}$ (단, $n \geq 2$)

이 식은 $n=1$일 때에도 성립하므로 수열 $\{a_n\}$의 일반항은

$a_n = -\dfrac{1}{n}$

$\therefore a_{100} = -\dfrac{1}{100}$

16 $a_{n+1} = 2(a_n + 2)$에서 $a_{n+1} = 2a_n + 4$

이 식을 $a_{n+1} - \alpha = 2(a_n - \alpha)$의 꼴로 변형하면

$a_{n+1} = 2a_n - \alpha$에서 $\alpha = -4$

$\therefore a_{n+1} + 4 = 2(a_n + 4)$

따라서 수열 $\{a_n + 4\}$는 공비가 2인 등비수열이고 첫째항은

$a_1 + 4 = 2 + 4 = 6$이므로

$a_n + 4 = 6 \times 2^{n-1}$

$\therefore a_n = 6 \times 2^{n-1} - 4$

$\therefore a_5 = 6 \times 2^4 - 4$

$\quad = 96 - 4 = 92$

다른 풀이

$a_1 = 2$이므로 $a_{n+1} = 2(a_n + 2)$의 n 대신 $1, 2, 3, 4$를 차례대로 대입하면

$a_2 = 2(a_1 + 2) = 2 \times (2+2) = 8$

$a_3 = 2(a_2 + 2) = 2 \times (8+2) = 20$

$a_4 = 2(a_3 + 2) = 2 \times (20+2) = 44$

$a_5 = 2(a_4 + 2) = 2 \times (44+2) = 92$

17 (i) $n=2$일 때

(좌변) $= (1+h)^2 = 1 + 2h + h^2$, (우변) $= 1 + 2h$

이때 $h^2 > 0$이므로 $(1+h)^2 > \boxed{1+2h}$

따라서 주어진 부등식이 성립한다.

(ii) $n = k \, (k \geq 2)$일 때, 주어진 부등식이 성립한다고 가정하면

$(1+h)^k > 1 + kh$

위의 식의 양변에 $\boxed{1+h}$를 곱하면

$(1+h)^{k+1} > (1+kh)(\boxed{1+h})$

우변을 전개하여 정리하면 $kh^2 > 0$이므로

$1 + (k+1)h + kh^2 > 1 + (k+1)h$

$\therefore (1+h)^{k+1} > 1 + (k+1)h$

따라서 $n = k+1$일 때에도 주어진 부등식이 성립한다.

(i), (ii)에 의하여 $n \geq 2$인 모든 자연수 n에 대하여 주어진 부등식이 성립한다.

따라서 $f(h) = 1 + 2h$, $g(h) = 1 + h$이므로

$f(1)g(1) = 3 \times 2 = 6$

상용로그표

수	0	1	2	3	4	5	6	7	8	9
1.0	.0000	.0043	.0086	.0128	.0170	.0212	.0253	.0294	.0334	.0374
1.1	.0414	.0453	.0492	.0531	.0569	.0607	.0645	.0682	.0719	.0755
1.2	.0792	.0828	.0864	.0899	.0934	.0969	.1004	.1038	.1072	.1106
1.3	.1139	.1173	.1206	.1239	.1271	.1303	.1335	.1367	.1399	.1430
1.4	.1461	.1492	.1523	.1553	.1584	.1614	.1644	.1673	.1703	.1732
1.5	.1761	.1790	.1818	.1847	.1875	.1903	.1931	.1959	.1987	.2014
1.6	.2041	.2068	.2095	.2122	.2148	.2175	.2201	.2227	.2253	.2279
1.7	.2304	.2330	.2355	.2380	.2405	.2430	.2455	.2480	.2504	.2529
1.8	.2553	.2577	.2601	.2625	.2648	.2672	.2695	.2718	.2742	.2765
1.9	.2788	.2810	.2833	.2856	.2878	.2900	.2923	.2945	.2967	.2989
2.0	.3010	.3032	.3054	.3075	.3096	.3118	.3139	.3160	.3181	.3201
2.1	.3222	.3243	.3263	.3284	.3304	.3324	.3345	.3365	.3385	.3404
2.2	.3424	.3444	.3464	.3483	.3502	.3522	.3541	.3560	.3579	.3598
2.3	.3617	.3636	.3655	.3674	.3692	.3711	.3729	.3747	.3766	.3784
2.4	.3802	.3820	.3838	.3856	.3874	.3892	.3909	.3927	.3945	.3962
2.5	.3979	.3997	.4014	.4031	.4048	.4065	.4082	.4099	.4116	.4133
2.6	.4150	.4166	.4183	.4200	.4216	.4232	.4249	.4265	.4281	.4298
2.7	.4314	.4330	.4346	.4362	.4378	.4393	.4409	.4425	.4440	.4456
2.8	.4472	.4487	.4502	.4518	.4533	.4548	.4564	.4579	.4594	.4609
2.9	.4624	.4639	.4654	.4669	.4683	.4698	.4713	.4728	.4742	.4757
3.0	.4771	.4786	.4800	.4814	.4829	.4843	.4857	.4871	.4886	.4900
3.1	.4914	.4928	.4942	.4955	.4969	.4983	.4997	.5011	.5024	.5038
3.2	.5051	.5065	.5079	.5092	.5105	.5119	.5132	.5145	.5159	.5172
3.3	.5185	.5198	.5211	.5224	.5237	.5250	.5263	.5276	.5289	.5302
3.4	.5315	.5328	.5340	.5353	.5366	.5378	.5391	.5403	.5416	.5428
3.5	.5441	.5453	.5465	.5478	.5490	.5502	.5514	.5527	.5539	.5551
3.6	.5563	.5575	.5587	.5599	.5611	.5623	.5635	.5647	.5658	.5670
3.7	.5682	.5694	.5705	.5717	.5729	.5740	.5752	.5763	.5775	.5786
3.8	.5798	.5809	.5821	.5832	.5843	.5855	.5866	.5877	.5888	.5899
3.9	.5911	.5922	.5933	.5944	.5955	.5966	.5977	.5988	.5999	.6010
4.0	.6021	.6031	.6042	.6053	.6064	.6075	.6085	.6096	.6107	.6117
4.1	.6128	.6138	.6149	.6160	.6170	.6180	.6191	.6201	.6212	.6222
4.2	.6232	.6243	.6253	.6263	.6274	.6284	.6294	.6304	.6314	.6325
4.3	.6335	.6345	.6355	.6365	.6375	.6385	.6395	.6405	.6415	.6425
4.4	.6435	.6444	.6454	.6464	.6474	.6484	.6493	.6503	.6513	.6522
4.5	.6532	.6542	.6551	.6561	.6571	.6580	.6590	.6599	.6609	.6618
4.6	.6628	.6637	.6646	.6656	.6665	.6675	.6684	.6693	.6702	.6712
4.7	.6721	.6730	.6739	.6749	.6758	.6767	.6776	.6785	.6794	.6803
4.8	.6812	.6821	.6830	.6839	.6848	.6857	.6866	.6875	.6884	.6893
4.9	.6902	.6911	.6920	.6928	.6937	.6946	.6955	.6964	.6972	.6981
5.0	.6990	.6998	.7007	.7016	.7024	.7033	.7042	.7050	.7059	.7067
5.1	.7076	.7084	.7093	.7101	.7110	.7118	.7126	.7135	.7143	.7152
5.2	.7160	.7168	.7177	.7185	.7193	.7202	.7210	.7218	.7226	.7235
5.3	.7243	.7251	.7259	.7267	.7275	.7284	.7292	.7300	.7308	.7316
5.4	.7324	.7332	.7340	.7348	.7356	.7364	.7372	.7380	.7388	.7396

수	0	1	2	3	4	5	6	7	8	9
5.5	.7404	.7412	.7419	.7427	.7435	.7443	.7451	.7459	.7466	.7474
5.6	.7482	.7490	.7497	.7505	.7513	.7520	.7528	.7536	.7543	.7551
5.7	.7559	.7566	.7574	.7582	.7589	.7597	.7604	.7612	.7619	.7627
5.8	.7634	.7642	.7649	.7657	.7664	.7672	.7679	.7686	.7694	.7701
5.9	.7709	.7716	.7723	.7731	.7738	.7745	.7752	.7760	.7767	.7774
6.0	.7782	.7789	.7796	.7803	.7810	.7818	.7825	.7832	.7839	.7846
6.1	.7853	.7860	.7868	.7875	.7882	.7889	.7896	.7903	.7910	.7917
6.2	.7924	.7931	.7938	.7945	.7952	.7959	.7966	.7973	.7980	.7987
6.3	.7993	.8000	.8007	.8014	.8021	.8028	.8035	.8041	.8048	.8055
6.4	.8062	.8069	.8075	.8082	.8089	.8096	.8102	.8109	.8116	.8122
6.5	.8129	.8136	.8142	.8149	.8156	.8162	.8169	.8176	.8182	.8189
6.6	.8195	.8202	.8209	.8215	.8222	.8228	.8235	.8241	.8248	.8254
6.7	.8261	.8267	.8274	.8280	.8287	.8293	.8299	.8306	.8312	.8319
6.8	.8325	.8331	.8338	.8344	.8351	.8357	.8363	.8370	.8376	.8382
6.9	.8388	.8395	.8401	.8407	.8414	.8420	.8426	.8432	.8439	.8445
7.0	.8451	.8457	.8463	.8470	.8476	.8482	.8488	.8494	.8500	.8506
7.1	.8513	.8519	.8525	.8531	.8537	.8543	.8549	.8555	.8561	.8567
7.2	.8573	.8579	.8585	.8591	.8597	.8603	.8609	.8615	.8621	.8627
7.3	.8633	.8639	.8645	.8651	.8657	.8663	.8669	.8675	.8681	.8686
7.4	.8692	.8698	.8704	.8710	.8716	.8722	.8727	.8733	.8739	.8745
7.5	.8751	.8756	.8762	.8768	.8774	.8779	.8785	.8791	.8797	.8802
7.6	.8808	.8814	.8820	.8825	.8831	.8837	.8842	.8848	.8854	.8859
7.7	.8865	.8871	.8876	.8882	.8887	.8893	.8899	.8904	.8910	.8915
7.8	.8921	.8927	.8932	.8938	.8943	.8949	.8954	.8960	.8965	.8971
7.9	.8976	.8982	.8987	.8993	.8998	.9004	.9009	.9015	.9020	.9025
8.0	.9031	.9036	.9042	.9047	.9053	.9058	.9063	.9069	.9074	.9079
8.1	.9085	.9090	.9096	.9101	.9106	.9112	.9117	.9122	.9128	.9133
8.2	.9138	.9143	.9149	.9154	.9159	.9165	.9170	.9175	.9180	.9186
8.3	.9191	.9196	.9201	.9206	.9212	.9217	.9222	.9227	.9232	.9238
8.4	.9243	.9248	.9253	.9258	.9263	.9269	.9274	.9279	.9284	.9289
8.5	.9294	.9299	.9304	.9309	.9315	.9320	.9325	.9330	.9335	.9340
8.6	.9345	.9350	.9355	.9360	.9365	.9370	.9375	.9380	.9385	.9390
8.7	.9395	.9400	.9405	.9410	.9415	.9420	.9425	.9430	.9435	.9440
8.8	.9445	.9450	.9455	.9460	.9465	.9469	.9474	.9479	.9484	.9489
8.9	.9494	.9499	.9504	.9509	.9513	.9518	.9523	.9528	.9533	.9538
9.0	.9542	.9547	.9552	.9557	.9562	.9566	.9571	.9576	.9581	.9586
9.1	.9590	.9595	.9600	.9605	.9609	.9614	.9619	.9624	.9628	.9633
9.2	.9638	.9643	.9647	.9652	.9657	.9661	.9666	.9671	.9675	.9680
9.3	.9685	.9689	.9694	.9699	.9703	.9708	.9713	.9717	.9722	.9727
9.4	.9731	.9736	.9741	.9745	.9750	.9754	.9759	.9763	.9768	.9773
9.5	.9777	.9782	.9786	.9791	.9795	.9800	.9805	.9809	.9814	.9818
9.6	.9823	.9827	.9832	.9836	.9841	.9845	.9850	.9854	.9859	.9863
9.7	.9868	.9872	.9877	.9881	.9886	.9890	.9894	.9899	.9903	.9908
9.8	.9912	.9917	.9921	.9926	.9930	.9934	.9939	.9943	.9948	.9952
9.9	.9956	.9961	.9965	.9969	.9974	.9978	.9983	.9987	.9991	.9996

각	sin	cos	tan	각	sin	cos	tan
0°	.0000	1.0000	.0000	45°	.7071	.7071	1.0000
1°	.0175	.9998	.0175	46°	.7193	.6947	1.0355
2°	.0349	.9994	.0349	47°	.7314	.6820	1.0724
3°	.0523	.9986	.0524	48°	.7431	.6691	1.1106
4°	.0698	.9976	.0699	49°	.7547	.6561	1.1504
5°	.0872	.9962	.0875	50°	.7660	.6428	1.1918
6°	.1045	.9945	.1051	51°	.7771	.6293	1.2349
7°	.1219	.9925	.1228	52°	.7880	.6157	1.2799
8°	.1392	.9903	.1405	53°	.7986	.6018	1.3270
9°	.1564	.9877	.1584	54°	.8090	.5878	1.3764
10°	.1736	.9848	.1763	55°	.8192	.5736	1.4281
11°	.1908	.9816	.1944	56°	.8290	.5592	1.4826
12°	.2079	.9781	.2126	57°	.8387	.5446	1.5399
13°	.2250	.9744	.2309	58°	.8480	.5299	1.6003
14°	.2419	.9703	.2493	59°	.8572	.5150	1.6643
15°	.2588	.9659	.2679	60°	.8660	.5000	1.7321
16°	.2756	.9613	.2867	61°	.8746	.4848	1.8040
17°	.2924	.9563	.3057	62°	.8829	.4695	1.8807
18°	.3090	.9511	.3249	63°	.8910	.4540	1.9626
19°	.3256	.9455	.3443	64°	.8988	.4384	2.0503
20°	.3420	.9397	.3640	65°	.9063	.4226	2.1445
21°	.3584	.9336	.3839	66°	.9135	.4067	2.2460
22°	.3746	.9272	.4040	67°	.9205	.3907	2.3559
23°	.3907	.9205	.4245	68°	.9272	.3746	2.4751
24°	.4067	.9135	.4452	69°	.9336	.3584	2.6051
25°	.4226	.9063	.4663	70°	.9397	.3420	2.7475
26°	.4384	.8988	.4877	71°	.9455	.3256	2.9042
27°	.4540	.8910	.5095	72°	.9511	.3090	3.0777
28°	.4695	.8829	.5317	73°	.9563	.2924	3.2709
29°	.4848	.8746	.5543	74°	.9613	.2756	3.4874
30°	.5000	.8660	.5774	75°	.9659	.2588	3.7321
31°	.5150	.8572	.6009	76°	.9703	.2419	4.0108
32°	.5299	.8480	.6249	77°	.9744	.2250	4.3315
33°	.5446	.8387	.6494	78°	.9781	.2079	4.7046
34°	.5592	.8290	.6745	79°	.9816	.1908	5.1446
35°	.5736	.8192	.7002	80°	.9848	.1736	5.6713
36°	.5878	.8090	.7265	81°	.9877	.1564	6.3138
37°	.6018	.7986	.7536	82°	.9903	.1392	7.1154
38°	.6157	.7880	.7813	83°	.9925	.1219	8.1443
39°	.6293	.7771	.8098	84°	.9945	.1045	9.5144
40°	.6428	.7660	.8391	85°	.9962	.0872	11.4301
41°	.6561	.7547	.8693	86°	.9976	.0698	14.3007
42°	.6691	.7431	.9004	87°	.9986	.0523	19.0811
43°	.6820	.7314	.9325	88°	.9994	.0349	28.6363
44°	.6947	.7193	.9657	89°	.9998	.0175	57.2900
45°	.7071	.7071	1.0000	90°	1.0000	.0000	

2주 단기 완성서

풍산자
라이트

지학사

풍산자
장학생 선발

*연간 장학생 40명 기준

지학사에서는 학생 여러분의 꿈을 응원하기 위해
2007년부터 매년 풍산자 장학생을 선발하고 있습니다.
풍산자로 공부한 학생이라면 누.구.나 도전해 보세요.

총 장학금
1,200만 원

선발 대상

풍산자 수학 시리즈로 공부한 전국의 중·고등학생 중 성적 향상 및 우수자

조금만 노력하면 누구나 지원 가능!	수학 성적이 잘 나왔다면?
성적 향상 장학생(10명)	**성적 우수 장학생(10명)**
중학 ㅣ 수학 점수가 10점 이상 향상된 학생	**중학** ㅣ 수학 점수가 90점 이상인 학생
고등 ㅣ 수학 내신 성적이 한 등급 이상 향상된 학생	**고등** ㅣ 수학 내신 성적이 2등급 이상인 학생

혜택

 장학금 30만원 및 장학 증서
*장학금 및 장학 증서는 각 학교로 전달합니다.

 신청자 전원 '풍산자 시리즈'
교재 중 1권 제공

모집 일정

매년 2월, 8월(총 2회)
*공식 홈페이지 및 SNS를 통해 소식을 받으실 수 있습니다.

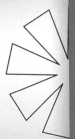

장학 수기)

"풍산자와 기적의 상승곡선 5 ➡ 1등급!" _이○원(해송고)
"수학 A로 가는 모험의 필수 아이템!" _김○은(지도중)
"수학 66점에서 100점으로 향상하다!" _구○경(한영중)

장학 수기
더 보러 가기

풍산자 **서포터즈**

풍산자 시리즈로
공부하고 싶은 학생들 모두 주목!
매년 2월과 8월에
서포터즈를 모집합니다.
리뷰 작성 및 SNS 홍보 활동을 통해
공부 실력 향상은 물론,
문화 상품권과 미션 선물을
받을 수 있어요!

자세한 내용은 풍산자 홈페이지(www.
pungsanja.com)를 통해 확인해 주세요.